JN086105

入門

世界一やさしい

はちみつ
の
教科書

Introduction to HONEY

有馬ようこ

ホリスティックライブラリー出版

はちみつを色で使い分ける

詳しくは「 9時限目 はちみつの選び方【種類編】」参照。

白のエネルギー	黄のエネルギー	茶・黒のエネルギー
寝る前の栄養補給	オールマイティーに使える	活動時や疲労回復用

クローバー

ジャラ

ワイルドフォレスト

リンデン

ブラックバッド

スティングレス

レザーウッド

マリー

チェスナット

ドライアンドラ

ワイルドフラワー

バックウィート

　はちみつは、採蜜場所や時期によって色が変わるので、現物を見て、現物
の色寄りのエネルギーで捉えてください。

はちみつを美容に使うときの分量の目安と使い方

肌に直接つける場合

分量の目安は５ミリの円程度

はちみつを肌に乗せたら、スプレーなどを使って化粧水や蒸留水を吹きかける

はちみつを指で伸ばしながら顔や気になったところに塗布する

手のひらで伸ばす場合

ガラス製のスポイトを使って乾いた手のひらに垂らしたり、スポイトの周りについたはちみつをつけても OK

はちみつを肌に乗せたら、スプレーなどを使って化粧水や蒸留水を吹きかける

はちみつを指で伸ばしながら顔や気になったところに塗布する

はちみつを使った健康と美容に役立つレシピ！

焼きリンゴシナモン
ハニー　➡ 198頁

はちみつニンジン
ジュース　➡ 189頁

フルーツヨーグルト
はちみつがけ ➡ 201頁

はちみつレモン（水）
➡ 187頁

桃のカプルーゼはちみつ
がけ　➡ 197頁

揚げない大学芋
➡ 203頁

野菜のアップルビネガー
マリネ　➡ 200頁

生クリームはちみつがけ
コーヒーゼリー➡ 202頁

自家製ハニージンジャー
シロップ　➡ 191頁

本格ハニーチャーシュー
➡ 204頁

ふわふわ米粉
パンケーキ ➡ 206頁

はちみつ大根
➡ 207頁

「10時限目 はちみつの処方箋」で詳しいレシピを掲載。

はちみつの世界へ
ようこそ

こんな人に読んでもらいたい

あなたにあてはまるものはありますか？

- 1日を元気にすごせない

- 夜なかなか寝つけない

- 朝すっきりと起きられない

- 身体の冷えが気になる

- 生理痛がひどくて会社や学校に行きたくない

- 不妊で悩んでいる

- 常に不快な症状があるけれど、しかたないと思っている

- いつもイライラしたり、不安や焦燥感に駆られる

- 慢性疲労症候群、副腎疲労だといわれた

- 不調を解消したいけど、今まで糖を避けてきた

- 薬やサプリを手放しても平気な身体に戻したい

　上記の項目にひとつでもあてはまった人には、とにかく本書を
読んでいただきたいです。
　もし直接あてはまらなくても、身体や心が少し疲れていたり不
調を感じていたら、ぜひ読んでみてください。

はちみつは健康と美容に大きく貢献する

　今回、私が改めてはちみつについて本格的に書籍にまとめたいと思った1番の理由は、**はちみつが多くの人の健康と美容にとても貢献しているという実感があるからです。**

　はちみつの魅力は？　と聞かれて調べてみると、世の中ではまだまだ「その抗菌性の高さ」にのみ、焦点があてられていることがわかります。実際にさまざまな宣伝や広告を見ても、「はちみつといえば抗菌作用」というキャッチフレーズが目に飛び込んできます。

　今までは漠然と「ふ〜ん、はちみつって健康にいいんだ」「はちみつがいいのは抗菌作用があるからなんだね」といった曖昧な理解しかなかったかもしれません。

　でも、実は古くからのはちみつの使われ方を紐解いていくと、はちみつはほとんどすべての病態に効果があることがわかります。しかし、それは本当に高い抗菌作用のおかげでしょうか？

　私たちの身体が不調を感じるとき、それは菌によって起きているとはかぎりません。菌とは無関係の炎症や外傷が原因である場合もあるのです。それらすべてに効果がある実績を考えると、はちみつが症状改善のサポーターとなってきた理由が、その抗菌性だけではないことに気がつくはずです。

　そこに気がつくと、昨今、盛んにいわれている「はちみつ＝抗菌性」というコマーシャルに、矛盾を感じるようになります。「**なぜ多くの疾患にはちみつが有効なのか**」この点を正しく説明できることが、はちみつを理解するうえでとても大切なのです。

　本書では、はちみつを抗菌作用だけではなく組成から正しく理解し、古代エジプト時代にはちみつが使われていたのと同じ理由で、現代でもはちみつが私たちの美と健康に役に立つということをお伝えしていきます。はちみつを正しく理解したうえで活用するときが来たのです。

健康情報が大好きな人にも読んでほしい

　そして、本書は「自称健康オタク」の人にも読んでほしいと思っています。

　健康情報を追いかけていろいろと実践してきたにも関わらず、なぜか未だに健康だと思えない人、何を「摂れば（食べれば）いいのか」わからない人がとても多いと感じています。

　巷にあふれている健康情報が、いかに業界の都合のいいようにつくりあげられているのか、また糖を避けて油を摂るように仕向けられているのか、世界中のいろいろな論文や研究結果を掘り下げて調べるとよくわかってきます。

　身体の本来のメカニズムをしっかり理解することで、そういった健康情報に惑わされなくなります。

　すると、次第に食事内容もメンタルも変わってきて、**今までプラスアルファで摂らなくてはならないと考えていた薬やサプリも不要になります。お肌の老化を防ぐためには必要だと思っていた化粧品でさえも、手放せる**ようになっていきます。

　本書が身体のために正しくはちみつを選ぶ指標となって、はちみつを効果的に活用するための手助けとなるように願っています。

　「はちみつって、こういう作用で今の病態に効果があるのだな」と理解したうえで、ご自身やご家族の健康維持や身近な症状に活かしていただけたら本望です。

有馬ようこ

プロローグ 私とはちみつ
ー私が健康でいられる理由ー

私が健康なのは
「糖を切らしたことがないから」

　私は、健康に携わる仕事をしていますが、「健康にいいからこれを食べる」といった食事法はしたことがありません。

　美味しいと感じたら食べるし、まずい！　と思ったら本能にまかせて吐き出してしまいます。食べて美味しいと思える量も日々変わります。

　私がなぜ健康なのかと聞かれたら、迷わず「糖を切らしたことがないから」と答えます。次に、「筋肉があるから」です。

　2歳の頃からバレエ、小学生になってからは水泳の育成チームに入り、日々トレーニングに励んでいました。中学時代は陸上の選手でした。水泳はその後も続け、この20年以上はヨガを実践しています。筋肉は体幹や太ももに多いほど、グリコーゲン（ブドウ糖に変換される分子）をたくさん体内に貯蔵することができます。要するに、私は人より糖が枯渇しにくい体内環境を維持してきたということです。

　多くの人はブドウ糖の貯蓄が少ないので、いざ足りなくなったときに、身体の脂肪やタンパク質を壊して中性脂肪やアミノ酸からエネルギーをつくり出します。私はブドウ糖の貯蓄が多いために、そうやって身体を壊してエネルギーを確保する必要がなく、身体が壊れにくいのだと思います。

　一般的には、「糖を摂ってはいけない」と思われているのでブラックコーヒーを飲んだりしますが、私は疲れたときは黒糖やはちみつをたっぷりと入れたコーヒーにしたり、ブラックで飲むときはスイーツをお供にし、日頃からキャンディを舐めたりしてい

ます。

　「甘いものと一緒に」というのが私の食生活の基準だったので、フルーツを選ぶときには果糖が多い完熟のものを選んだり、糖度が高くなるドライフルーツが大好きで選んでいます。昔から干し柿や干しブドウも好んでよく食べていました。

黒糖とはちみつが私をつくった

　私は、自分が周囲の友人や知人よりも元気があるのがなぜなのか、ずっと疑問に思っていました。ほかにも、同年代の女性に比べてシミができにくい理由や太りにくい理由を説明できませんでした。周りの人は、「それは、ようこさんだからだよ」と、私が特別だからだという認識でいたようでしたが、私もみんなと同じ人間なので、メカニズムも同じです。実際には何が違うのだろうとずっと疑問だったのです。

　ひとつ興味深い話があります。私は若い頃から、ずっとコーヒーの匂いも味も苦手でした。なのに妊娠した途端にコーヒーが飲みたくなったのです。急に、コーヒーを美味しいと思うようになりました。お医者さんにはダメだと言われても、自分が美味しいと思って欲しているのだから身体に悪いはずがないと、自分の動物的な勘を信じていました。ただ、ブラックコーヒーでは美味しくなかったので、甘い生クリーム（動物性の純正生クリーム）をコーヒーと一緒にたっぷり食べていました。

　それだけでなく、妊娠後期には毎日白飯を3〜4杯食べていました。そんなこともあり、うちの子どもは4kg近くの重さで元気に生まれてきました。そして特に努力することもなく、1年後には、私の体重はすっかりもとに戻ったのです。

　こんな私の身体をつくったのは、間違いなく黒糖とはちみつという「糖である」といえます。

植物油をほとんど食べてこなかった

　また、私が育った環境ではほとんど肉を食べません。魚を食べるとしても煮つけや焼き魚として出てくることが多かったのを覚えています。油を使った炒め物や揚げ物の料理がほとんど出てこなかったという家庭環境でした。たまに焼き肉も食卓にあがりましたが、思い返すと、植物油ではなくて牛脂をひいていました。

　もうひとつ、私の世代の学生時代は今と違って、ファストフード店もそれほど充実していなかったので、部活後の学校帰りに食べるのはフライドチキンやポテトではなく、おにぎりやおまんじゅうでした。このような環境が、今の私をつくったのです。

　もともと、揚げ物やパスタなどを食べることはほとんどありませんでした。パスタやラーメンを食べに行ったとしても、麺はほんの少し、ソースやスープをメインに食べる程度です。今思えば、塩分はそうやってしっかり摂っていたということですね。塩の摂取についても、健康情報の世界ではあまり摂りすぎないようにとされていますが、糖と塩、そして水さえあれば人間は生きていけるのだと考えています。

PUFA（プーファ）の害を知って　　糖の大切さに改めて気づいた

　昔から、私にとって身近な存在であったはちみつですが、「自分の健康や美容にはちみつがどういうメカニズムで大きく関与してきたのか」を理解できるようになったのは、ここ7～8年くらいです。

　それまではただ単純に、「美味しいから」という理由だけで食べていました。甘いものが好きだったこともあり、趣味ではちみつを集めていたのですが、世の中が「糖はいけないものだ」と逆行していたので、人前ではあまりはちみつのことについて語るこ

とはありませんでした。

　ですが7〜8年くらい前に、PUFAという多価不飽和脂肪酸が身体に与える悪影響を理解して、同時に糖をしっかり摂ることは大事なのだと改めて気づくことになったのです。「確かに、私は昔から糖ばかり食べていたし、PUFAは食べてこなかった」という体験認識が、確信に変わるきっかけとなりました。

　つまり糖（ブドウ糖・果糖）の摂取は大切ですが、PUFA（多価不飽和脂肪酸）の存在があることで、その代謝サイクルが邪魔されるということを留意する必要があります。糖だけをたくさん摂ればいいのではなく、そこに、ブドウ糖を細胞に取り込む邪魔をして、さらに脂質を酸化させてしまう原因となるPUFAが、血中に残っていないような状態を維持できるよう心がけたいものです。

はちみつを肌に塗ることで　　　　　　　シミができにくくなる

　はちみつの主成分である「単糖」は、分子が小さいのですぐに浸透して、肌の細胞の再生や活性にとてもよく働きかけます。つまり、肌の新陳代謝が改善するということです。

　私は一時期、過度のストレスで体重が落ち、とても肌が荒れていた時期があったのですが、そのときははちみつを肌に塗るのもやめていました。すると頬に毛細血管の裂傷がミミズのように浮きあがってきたのです。あまりに肌がカサついて不調だったので、思い出したように応急処置としてはちみつをつけるようにしたら、半年ほど塗っているうちに、気づけばその毛細血管の裂傷が見事になくなっていたのです。

　私はシンガポールという暑い国に住んでいるうえに、いわゆる「日焼け止め」といった類のものを使いません。ハーブの蒸留水にココナツオイルやMCTオイルを塗るくらいです。40歳前後

の頃は、検証してみたい思いもあって美容レーザーなども試していたこともありますが、この10年以上はなかなか時間が確保できないこともあってレーザーマシンのお手入れとは無縁です。しかし、本当にシミができません。

そもそもシミの原因は紫外線ではありません。シミの原因になる材料が皮膚の内外になければ紫外線があたってもシミができることはありません。これは糖で代謝を回していれば、不飽和度の高い油が皮脂から出てくることもなく、炎症のもとが皮膚上にほとんどないからです。紫外線にあたっても全体が焼けて茶色になり、皮膚の代謝サイクルで白く戻っていきます。さらに、はちみつ美容で肌の代謝がより活性されていることを体感しています。

はちみつのおすすめポイントは 「抗菌作用」ではない

ちなみに、私は「はちみつの抗菌作用が効く」と思って食べたことは1度もありません。人におすすめするときも、「抗菌作用があるよ」と説明することはありません。むしろ、現代人にとって「抗菌性」は毒であると考えています。

古代からはちみつが利用されていましたが、当時の人たちは「抗菌性」など意識していたでしょうか？「抗菌性」が発揮されるのは感染症のときくらいです。現代では衛生環境も変わっているので、感染症の病気になることはそんなに多くありません。あるとすれば、人間側の免疫機能そのものが著しく落ちているときです。

たとえば、糖尿病は菌による病気ではありません。それなのになぜはちみつで実際に糖尿病が治るのでしょうか？「はちみつの抗菌作用」によって糖尿病が治るなんてことはあり得ないのです。これは、はちみつに含まれる単糖、ほかでもない果糖（フルクトース）とブドウ糖（グルコース）のコンビネーションによって治るのです。

はちみつの本当のすごさは、この果糖（フルクトース）の存在にあるといえるでしょう。

砂糖（糖）は何も悪くない。悪いのは人工的なシロップ

「果糖はよくない」という話を聞いたことがあるかもしれません。果糖と聞くと、「果糖は太るんですよね？」「果糖は中性脂肪になるんですよね？」「白砂糖は中毒になるんですよね？」と心配してしまう人がたくさんいます。その理論が日本に持ち込まれたきっかけとなったのは、ある1冊の英語の本でした。

ところが、その本には、そうは書いていなかったのです。

実際に中毒になるのは、遺伝子組み換えのコーンや甜菜（ビート）からつくられたような異性化糖シロップの糖なのに、それを明記せず、シロップの糖についての記述が果糖についての記述だと勘違いしてしまう誤訳が散見されているような本でした。そのような背景も知らず、私たちはこういった情報を鵜呑みにして洗脳されてしまい、まんまと都合のいいマーケットに乗せられてしまっているのです。

ドーナツやケーキの甘さが悪いのは、小麦や植物油脂が原因

「甘いもの」にはさまざまなものが含まれます。はちみつは甘いもので、ドーナツやケーキも甘いお菓子ですが、はちみつの甘さ（糖）とドーナツやケーキの甘さ（小麦粉、精製糖、植物油脂）は同じではありません。なのに「甘いものは身体に悪い」「砂糖には中毒性がある」といわれると、多くの人がはちみつやフルーツの糖まで同じくくりにして避けてしまいます。

一般的にいわれている「甘いもの」、たとえばケーキやクッキー、そのほか多くの製菓などは、そのほとんどに小麦粉と植物油脂（加工油）が含まれています。さらに先ほど言及した人工的なシロップや安価な甘味料が添加されていたりします。**身体に不具合を与**

※異性化糖：ブドウ糖（グルコース）と果糖（フルクトース）を主成分とする液状糖で、トウモロコシ、馬鈴薯あるいは甘しょ（さつまいも）などの

える原因になるのは、小麦粉や植物油脂、人工的な異性化糖※シロップ、安価な甘味料だということを認識しなければなりません。

ドーナツやケーキに使われるシロップの問題

また、人工的な異性化糖シロップに含まれる「果糖」とはちみつに含まれる「果糖」はまったく別物だということも覚えておいてください。人工的なシロップは、農薬が撒かれた土地でできた遺伝子組み換えのコーンや甜菜から製造されています。それが多くの加工品に使用されているのです。

このように、「糖」に関する誤解があまりに浸透してしまっているのが今の世の中なのです。まずは、こういった常識を塗り替えていきましょう。

「甘いもの」の多くに入っている　　小麦粉に焦点をあててみる

そもそも小麦粉自体がグルテンを含むものであったり、遺伝子組み換えであったり、漂白剤で漂白されていたりと、腸の粘膜を壊してしまう要因が多い加工品です。腸の粘膜が破れてしまうということは、腸という防壁が決壊してしまうということです。この事態を「リーキーガット」と呼びます。

こうなると、身体にとって毒であるものが無害なものに分解される前に、血中へと流れ出てしまいます。これがきっかけになって、免疫細胞が炎症を起こしやすい状態をつくり出します。実際、こういう状態に陥る人に、アレルギー疾患を抱えている人が多いのです。

PUFA（多価不飽和脂肪酸）も同じです。たとえば小麦によって破れた腸壁から PUFA が血中に流れ出てしまうと、血液中のあらゆるものと酸化反応を起こし、体中に蓄積されているゴミとも連鎖的に反応してより大きな塊となり、これが全身の炎症となっていくのです。

デンプンを原料につくられる人工甘味料。清涼飲料・パン・缶詰・乳製品などに大量に使われている。

「シロップ」は代謝を落とし神経系の麻痺も起こすので摂るべきではありませんが、「糖」はエネルギーの材料です。この違いをはっきりと理解することで、「甘いものがやめられません！」と中毒になっているのではないかと心配になっている人にも、改善の道が自然と拓けてきます。

　甘いものがやめれられない原因は、単純に「糖欠乏」を起こしているからにすぎません。もちろん、「シロップ」で感覚麻痺が起きている場合は、中毒症とも考えられます。今までどんな「甘いもの」を摂ってきたのかを見直して、はちみつや黒糖といった「糖」を摂るように変えればいいだけです。

　実際にはちみつを食べだすと、糖を絶ってきた人ほど最初は大量に食べたくなるというケースを数多く見てきました。ですが、身体に糖が十分に行き渡るとピタッと甘いものを欲することがなくなります。好みも変わるので、食習慣が変わります。

　糖は三大栄養素の要です。その糖に対して「中毒症」と結びつけて、「糖を摂ったら中毒になる」などと表現するのは大きな間違いです。中毒症というのは毒性物質に対して使われる言葉なのですから。

はちみつの世界を色で考える？

　私は1日中、いつでもはちみつを食べることが多いのですが、日中に食べて美味しいなと感じるはちみつと、夜に食べて美味しいなと感じるはちみつが違います。

　ハーブティーにあわせたいはちみつやコーヒーにあわせたいはちみつなど、その都度自分の好みにあわせていたので、食べたいはちみつが毎度違うことに疑問すら感じたことはありませんでした。

　しかし波動のことや波動療法のことをはっきり理解するようになってからは、今食べたいはちみつは、活性のエネルギー（黒・赤）のものなのか、鎮静のエネルギー（白・青）のものなのかという

　ことが、そのはちみつの持つ色でも理解できるようになりました。

　コーヒーにあうのは黒のエネルギーを持つはちみつですが、黒のはちみつは活性を促します。多くの人が朝や日中の眠気覚ましにコーヒーを飲みたくなるのは、身体としてはエネルギーを増やしたいからなので、理にかなっています。

　そして、そこには同時に糖があることがとても大事なのです。

植物油脂系の油やクリームが体内にゴミをつくる

　たとえばヨーロッパではよく親しまれているウィンナーコーヒーや最近の流行りでもあるバターコーヒー、MCT オイルコーヒーなど、コーヒーとともに油を摂ると生産されるエネルギー量は格段に増えます。糖に比べて油のほうがエネルギー生産量は3倍ほども多いからです。

　スポーツ選手をはじめ、肉体疲労が激しいときや極度のストレス下にあるなど、エネルギー消耗が大きいときは、油とコーヒーのコンビネーションで肉体を壊さずにエネルギー原料を確保できる点で頼もしいことは私も同意です。

　さてここで知っておきたい重要なことがあります。身体が「今、エネルギーを増やさなくちゃ！」と察知したときに、何を原料にして火（エネルギー生産）を焚くかによって、身体のつくり方が変わるということです。

　「糖」という薪をくべることで完全燃焼することができるのですが、「油」という薪には種類があり、クリーンに燃え尽きることができずに燃えカスを出し、ゴミとなって塊が残る油があるのです。

　純生乳クリームやバター、MCT オイルのように、飽和脂肪酸が主体成分であればゴミはほぼできませんが、もし植物油脂系の油や植物油脂が主成分のホイップクリームだったらゴミを生じさせます。このゴミは、組織を変性させ炎症の火種をつくります。そして病態へと繋がっていくのです。

よく寝れる、目覚めがいい、元気に1日をすごせる！

　今まで、イライラ感や不安感があり、夜になる前に体力が消耗しきってしまう、寝つきが悪い、朝起きるのがつらいといった体感のある人は、はちみつを摂ることで少しずつ解消されていくことでしょう。

　私自身、睡眠が足りていないという自覚はありますが、ベッドに入ると一瞬で寝落ちしてしまいます。そして、1度寝ればとても深く眠ってしまいます。夜中に尿意で起きたりもしますが、ベッドに戻ればまた一瞬で寝て、朝にはパチッと目覚めるので、朝からとても元気な1日を送ることができています。

　もちろん日中に疲れが出ることもありますが、そういうときには、ひとすくいのはちみつを食べて10分ほど休憩するだけですぐに回復します。

　糖がしっかり摂れていると、毎日バイタリティあふれる生活を送ることが可能になるでしょう。

はちみつがすべてを解決してくれる

　私たちの身体は、エネルギーがなくては動けません。そして、そのエネルギーをつくるメインの材料が糖です。糖を材料にして細胞がエネルギーを生産する。これは本当にシンプルな法則です。

　今、どんな症状を抱えていたとしても、何らかの病気や慢性疾患の症状があったとしても、エネルギーがなければ問題に対処することもできません。このことを必ず念頭において、いつでも意識しておいてほしいと願います。

　さあ、とにかく本書を読み込んでみてください。はちみつがあなたの生活も健康も変えてくれることでしょう。

CONTENTS

第4時限目　抗菌作用が素晴らしい……という幻想

第5時限目 はちみつ業界の実態

第6時限目 糖質制限の危険性

第10時限目 はちみつの処方箋

巻末資料

エピローグ 私とはちみつ2 ―すべてはここからはじまった―

おわりに 本書を読んでくれたあなたへ感謝を込めて

はちみつが古代から
珍重されてきた理由

VALUE

　はちみつの本当の魅力ってなんだかわかりますか？

　今の段階ではわからなくても大丈夫です。人によっては、本やインターネットの情報でそれぞれの認識があるかもしれませんが、その常識を本気でひっくり返していくので楽しんで読んでください。

　1時限目では、はちみつのパワーに軽く触れます。そして、はちみつの本当の魅力とは何か、メカニズムについてもやさしくお話しするので、まずはここで「はちみつのすごさ」を感じてみてください。

01 はちみつは永久保存できる

永久保存できるはちみつ

　現存する世界最古のはちみつは、北はロシア、南はトルコとアルメニアに接するコーカサス地方に位置したジョージアにある、紀元前4300年頃の遺跡の墓から発見されました。

　墓の中には野生のベリーが一緒に埋葬されていたのですが、そのベリーは5500年も前のものであるにもかかわらず、発見された2019年当時、まだ赤い色を保ち、さらには果実の甘い匂いも鮮明に放っていたといいます。なぜこのようなことが起きたのでしょうか。それはこのベリーがはちみつに漬けられて保存されていたからです。

はちみつが腐らない理由

　はちみつは人間や動物、微生物などの生命体に食されないかぎり、腐敗することなくずっと残ります。ですから、はちみつは保存食として最適といえます。緊急事態用の備蓄食品としても、何瓶か備えておくのもいいでしょう。

　腐敗しない理由のひとつには、よく聞くいわゆる抗菌作用も含まれますが、それ以上に重要なのが2つ目の理由、はちみつの水分量です。**はちみつは水分含有量が非常に少なく、そこに微生物の繁殖が発生しません**
（2時限目の「02 ミイラづくりの防腐剤としてのはちみつ」参照）。抗菌作用についてはあとで詳しくお話ししますが、これら2つの理由から、はちみつは腐らないのです。

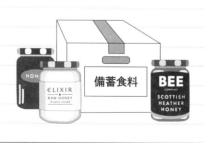

02 はちみつの本当の魅力は糖の力？

はちみつの魅力 ≠ 抗菌作用

　現代においては、はちみつの効用として真っ先に「抗菌作用」が挙げられますが、古来、王や女王たちが薬や美容を保つ秘薬としてはちみつを珍重してきた理由は（2時限目「01　はちみつの歴史＝人類の歴史」参照）、そこに抗菌作用があるからではありません。

　はちみつの本当の素晴らしさは、それが**私たち生命体のエネルギー代謝への素晴らしい糖質補給源であること**。これが最も重要なポイントです。まさにこれしかないといっても過言ではありません。

　少し話が難しくなりますが、ミツバチが花から集めてくる花蜜や甘露の主成分は「ショ糖」です。「単糖」ではなく「二糖類」の「ショ糖」です（下図）。

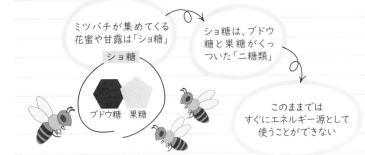

ミツバチが集めてくる
花蜜や甘露は「ショ糖」

ショ糖

ブドウ糖　果糖

ショ糖は、ブドウ糖と果糖がくっついた「二糖類」

このままでは
すぐにエネルギー源として
使うことができない

　ミツバチは花蜜を蜜袋に入れて、そこで酵素反応を起こして吐き出します。

　酵素反応を起こすことによって、二糖類であるショ糖をバラバラにして、単糖類であるブドウ糖（グルコース）と果糖（フルクトー

ス）に分解し、はちみつという状態で巣に保管しているのです。

　花蜜が完全に分解されてはちみつになるために、この吐き出したものをほかのミツバチに口移ししていくという作業を20分以上続けるとされています。このプロセスを経て、ショ糖だったものが単糖になっていくのです（下図）。

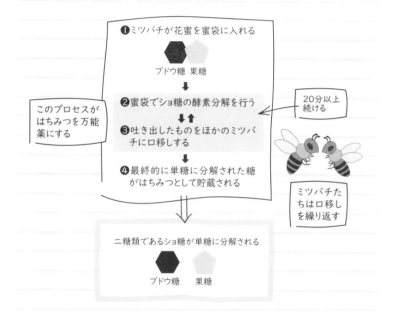

❶ミツバチが花蜜を蜜袋に入れる

ブドウ糖　果糖

このプロセスが
はちみつを万能
薬にする

❷蜜袋でショ糖の酵素分解を行う

20分以上
続ける

❸吐き出したものをほかのミツバチに口移しする

❹最終的に単糖に分解された糖がはちみつとして貯蔵される

ミツバチたちは口移しを繰り返す

二糖類であるショ糖が単糖に分解される

ブドウ糖　果糖

はちみつは最高のエネルギー源

　はちみつは、消化分解のプロセスがすでにミツバチによって行われています。つまり、私たちが自らのエネルギーを使って分解しなくても、ミツバチによってすでに分解が完了しているので、エネルギー源としてすぐ吸収できるのです。糖としてはこれ以上分解の必要のない単糖になっているはちみつは、腸ですぐに吸収され、エネルギー源として使われます（次頁上図）。

　だからこそ即効性があります。これがはちみつのとても素晴らしい点です。

※ ATP：「生体のエネルギー通貨」と呼ばれ、細胞内で生産されるエネルギー
　源。人の身体はエネルギー量が多ければ多いほどさまざまな仕事をするこ

はちみつとして
蓄えられている糖

エネルギーとして
利用する際、これ
以上分解の必要
がない単糖類！

ブドウ糖　果糖

　食べればそのままエネルギー源になり、傷口に塗れば傷口で吸収されて皮膚の再生を促します。

はちみつはスキンケアにもおすすめ

　はちみつは水ととても相性がよく、水を引き込んでそこに留めます。ですから美容の保湿剤としても活用でき、同時に肌のターンオーバーや再生を促します。

　単糖は、その分子構造から肌に塗ると経皮吸収されるため、細胞内に入ってミトコンドリアの活性を高めます。ミトコンドリア内でATP※というエネルギー生産が増えることで、さらに肌のターンオーバーや再生が促進されるのです。

　●はちみつに含まれる「糖」は、ミツバチによって消化分解されているので、単糖の状態になっている　　　　　　　　　　　**まとめ**

　➡ これ以上体内で分解する必要がないので、エネルギー源としてすぐに使うことができる

　●食用で利用すれば、腸壁からすぐに吸収されエネルギー源になり、腸壁の修復にも使われる

　●傷口に塗れば傷口で吸収され、皮膚の再生をスピーディーに促進させる

とができる。皮膚の細胞が生み出すエネルギー量が増えることで、肌のターンオーバーや再生が促進される。

疲れすぎると眠れない?!
そんなときは、はちみつ

　眠るためにもエネルギーが必要です。狩猟時代まで遡ると、その時代の人たちは肉体的な労働によって食べ物を確保していました。活動にはエネルギーを使います。1日中動き回っていれば夜にはエネルギーは消耗しきってしまいます。そんなとき、**眠るためのエネルギー源としてはちみつが利用されていた**のです。

　現代人は、照明というツールによって夜になっても夜更かしして活動するので、もっと消耗しているのではないでしょうか。

すごく疲れていると、かえって眠れない?

　それは正しい身体の反応です。疲れすぎているというのは、眠るためのエネルギーすらも残っていない状態です。**はちみつを寝る前にひとさじ舐めるだけで眠るためのエネルギーが補給でき、眠りの質は格段に向上します。**

　さらに効果的なのが、「ハーブティー&はちみつ」のコンビネーションです。子どもの頃から、私は夜寝る前にお腹が空いているとよく眠ることができませんでした。読書が大好きだったので遅くまで本を読んだりしていましたが、そうするとなかなか寝つけません。そんなときは、ハーブティーを飲んで寝るとよく眠れました。ただ、ハーブティーだけだとお腹の調子がおかしくなるので、いつもハーブティーにはちみつを入れていました。

　当時はハーブの薬効成分のおかげで睡眠できていると思っていましたが、実際はそれだけではなかったのです。**ハーブ成分は睡眠を促すサポーター（指令）としては働きますが、その指令を実行するエネルギー源であるはちみつが一緒に入っていたからこそぐっすり眠れていた**のです。

　もしあなたが、今までハーブティーに糖を入れずに飲んでいたのなら、せっかくのハーブの作用が十分に発揮されていなかった可能性があります。これからはぜひはちみつを入れてみてください。そうすることで、睡眠効果をより感じられるかもしれません。

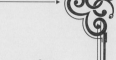

はちみつの
歴史を紐解く

HISTORY

　世界のはちみつの歴史を垣間見てみると、はちみつの持つ魅力やパワーについて、古代から人々が理解していたことに驚かされます。
　2時限目は、「そうだったんだ！」と読み物として楽しんでください。歴史を知っておくことで、はちみつへの興味がもっと湧いてくることでしょう。ちなみに私は、はちみつの歴史を知って、より一層そのパワーを確信しました。

はちみつの歴史
＝人類の歴史

はちみつは貴重で希少なもの

　古代エジプトでは、はちみつは特権階級の人々しか食すること
を許されていませんでした。その効果が素晴らしいうえに、容易
に採取できるものではない貴重な自然の恵みであったからです。

　ミツバチは木の上、岩場の間、または建物の塀などに巣をつくっ
て、はちみつを溜めています。これを採りに行くには大変な労力
が必要ですし、量もたくさん採れるわけではないので、当然、す
べての人のもとに行き渡ることなどありません。貴重な食品の収
穫が少なければ、その食品は希少価値が高まり、自ずと権力のあ
る人のところに集中していきます。この流れは今も昔も変わらず
同じですね。

　はちみつが昔から非常に貴重で希少だったからこそ、クレオパ
トラなどの王族（特権階級の人々）が使っていたという記録がた
くさん残っているのです。クレオパトラが、はちみつを美容薬と
して使っていたという伝説も多く残っています。

古代ローマの遺跡ヘラクラネウムで
見つかったクレオパトラ7世の肖像画
出典 ウィキメディア・コモンズ
（Wikimedia Commons）

　エジプト文明（紀元前3000年頃〜紀元前30年頃）やシュメー
ル文明（紀元前3000年頃）でも、はちみつが美味しい未病薬で
あり、美容を保つ秘薬として使われていたことが、古代エジプト
の太陽神殿をはじめ多くの遺跡から見て取ることができます。

02 世界のはちみつの歴史

世界で最も古いはちみつの記録

　世界で最も古いはちみつの記録は、スペインのバレンシアにあるアラーニャ洞窟の壁画にあります（紀元前6000年頃）。

　その壁画に、高い崖で自然のはちの巣を採ろうとしている女性が描かれていたことから、8000年前の石器時代に、人々はすでにはちみつを採取していたことがわかります。

アラーニャ洞窟の壁画
（F.Benitez Melladoによる
水彩画の模写）
所蔵 スペイン「バレンシア先史
時代博物館」

インド・アーユルヴェーダとはちみつ

　3000年以上も前の古代インドで誕生した伝統医療アーユルヴェーダにおいても、はちみつは薬として珍重されていました。

　アーユルヴェーダにおいては、本当にさまざまな方法ではちみつが薬として利用されています。たとえば歯や歯茎の健康保持、不眠の改善、傷や火傷の治療、心臓の不調や動悸、白内障の治療にも使われていました。私の主治医の1人であるアーユルヴェーダの先生は、はちみつは特に甲状腺機能の問題で処方するとおっしゃっていました。

「不眠の改善」という目的には、どの時代においてもはちみつが利用されてきました。不眠とはちみつの関係については、1時限目の終わりのコラムで詳しくお話ししたとおりです。

古代エジプトの医学書

　はちみつを使った傷の手当ての処方は、世界で最古の医学書のひとつといわれる「エドウィン・スミス・パピルス」（紀元前17世紀頃）にも記述があります。

エドウィン・スミス・パピルス（ページ6、7）、ニューヨーク医学会所蔵
出典 ウィキメディア・コモンズ（Wikimedia Commons）

　この古代エジプトの医学書を見てみると、傷の手当の処方としてだけでなく、ほぼすべての疾患の治療薬としてはちみつを使った療法が施されていたことがわかります。

　私自身も、ほぼすべての疾患の改善にはちみつが有効であることを臨床でも確認し、常々講義などでもお伝えしています。

古代ギリシア・ヒポクラテスとはちみつ

　古代ギリシアでは、発酵していないブドウジュースにはちみつを混ぜたオエノメル（Oenomel）という飲み物があり、これが痛風や神経障害の治療に使われていました。

　ブドウジュースのような熟れた果物のジュースは、そこに豊富に含まれる果糖の作用で瞬時にエネルギーになります。そういう意味で、はちみつと同じ力を持っています。

　またヒポクラテスがさまざまな治療にはちみつを使ったということを示す文献も多く残っています。古代ギリシアの医学書「ヒポクラテス全集」[※]にもはちみつが出てきます。

　その中に、痛みや熱の対処法としてはちみつとお酢を混ぜた酢蜜剤（すみつざい）があります。これは現代であれば、スティングレス・ビー（ハリナシバチ）のはちみつがその内容成分に近く、効用も同様です。

ローマ時代につくられた医学の父
ヒポクラテスの胸像
出典 ウィキメディア・コモンズ
（Wikimedia Commons）

　また急性的な熱には、はちみつと薬草で対処していました。１時限目の終わりのコラムでお話ししたように、ハーブ成分による作用（指令）が、はちみつの生み出すエネルギーによって、より確実に実行されるのです。

　ヒポクラテスはほかにも、脱毛症の改善、傷の治療、便秘、咳、喉の痛み、目の不調、傷跡の治療、そして局所麻酔としてもはちみつを利用しました。

　身体の表面的、外科的な治療薬としてもはちみつは使われていたのです。

そのほかの地域でのはちみつの活用法

　アメリカ大陸やユナニ（イスラム）医学でも、はちみつは人を癒やしたり治療に使われてきたという文献が多く残されています。

　マヤの伝承では、はちみつは地の中心で生まれ、火山の火の粉にそっくりで、金色で熱く、人間を無力から目覚めさせるために地上に遣わされた（つか）のだといわれています。実際古代マヤ文明（紀元前1000年頃〜1600年頃）において、スティングレス・ビーから採れるはちみつがさまざまな疾患の治療薬として使われていたという記録が残っています。北アメリカの先住民族シャイア

※ヒポクラテス全集：紀元前3世紀頃編纂された古代ギリシア語で書かれた医学文書の集典。「ヒポクラテス集典」とも呼ばれる。

ン族の間では「はじめの人間は野生の蜜と果実を食べて、飢えを知らなかった」という伝説が残っています。

イスラム医学においては、はちみつは健康維持のための食べものとして扱われていました。その経典コーランにおいては、「蜜蜂の章」があり、はちみつが「人間を癒すもの」として記述されています。預言者であるムハンマドも下痢に対してはちみつの使用をすすめています。また結核の治療薬としてもはちみつが使われていました。

紀元前15世紀頃から伝わる、神々と英雄たちの物語であるギリシア神話においてもはちみつの記述があります。ギリシアの最高神であるゼウスは、はちみつで育てられたといわれるほどはちみつとはちみつ酒（Mead）が大好物でした。そしてそのゼウスを育てた女神の名前がはちみつという意味の「メリッサ」なのです。

女神メリッサ（大英博物館所蔵）
出典 ウィキメディア・コモンズ
（Wikimedia Commons）

そんな神話もあるくらいですから、太古の昔からはちみつの存在が生活の中で活かされ、また健康を保つ秘薬として大事に取り扱われてきたことがわかります。

ミイラづくりの防腐剤としてのはちみつ

ミイラづくりの防腐剤としても、はちみつが使われていました。

腐敗や発酵は水があることで起こります。腐敗も発酵も、もとの状態のものを変化させる微生物の反応で起こりますが、水がないとその反応は起こらなくなるのです。

1時限目「01 はちみつは永久保存できる」で、はちみつは水分含有量が非常に少ないとお話ししました。具体的には、はちみつの水分含有量は20％以下です。非常に水分含有量の少ない食品のひとつなのです。

　一見、液状になっているので、水分含有量が多いように感じてしまうかもしれませんが、はちみつと同程度に水分含有量が少ない食品として、乾燥したあんずやいちじく（平均17%）、片栗粉（18%）などがあります。はちみつがいかに乾燥しているものであるのか、つまり「水分が少ない」食品であるかということがこれでおわかりいただけるのではないでしょうか。

　はちみつのように糖度が高く、水分の少ない環境に菌が入り込んだ場合、浸透圧の差によって菌に含まれる水分がはちみつへと移行し、菌自体が生きていけなくなってしまうのです。

　このはちみつの特性を利用して、ミイラづくりの際には腐敗対策がされていました。またはちみつだけでなく、乳香（フランキンセンス）や没薬（ミルラ）、シダーウッドといった強力な防腐作用を持つ精油やミツロウも利用されていました。はちみつやそれらの防腐作用を持つアイテムたちによって腐敗防止処理されたミイラは、水分がなく菌が棲みつくことができないので、紀元前から現代までもの長い間、腐ることなく保存することが可能だったのです。ここでも、先人たちがはちみつを多面的によく理解して活用していたことが伺えます。

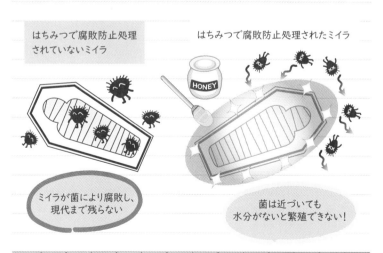

はちみつで腐敗防止処理
されていないミイラ

はちみつで腐敗防止処理されたミイラ

HONEY

ミイラが菌により腐敗し、
現代まで残らない

菌は近づいても
水分がないと繁殖できない！

食べるだけじゃない！
塗っても使えるはちみつ

　ヒポクラテスが、その書物に局所麻酔としてのはちみつの効用を残したように、はちみつは健康を保つための薬として内用するだけでなく、傷口に直接塗ったり、点眼薬として使ったりと、外用しても非常に高い効果を発揮します。

　身体の表面、つまり「皮膚」と「口から肛門までの空洞の粘膜の部分」は、どちらも外から入ってくる異物から私たちを防御する防壁になっています。口から入るものや、鼻や口から吸い込むものなど、外界と日々接する部分であることから、1番ダメージを受けやすく、また同時に、1番治りやすいところでもあります。この防壁の部分のダメージに、はちみつが非常に効果を発揮するのです。

　はちみつを食べることで体内で使えるエネルギー量が増えるのと同時に、身体の中の粘膜の部分の修復や再生の手助けもします。

　また皮膚に外用すると、壊れた粘膜部分からすぐにはちみつが浸透し、その部分の細胞の回復が早くなります。切り傷などの傷口にはちみつを塗ると皮膚の再生が促進され、傷の治りが格段に早くなります（1限目「02 はちみつの本当の魅力は糖の力」参照）。

消化器系などの粘膜の不調に

　口内炎、咽頭の腫れ、鼻腔の炎症、食道炎、消化管の疾患である十二指腸潰瘍、小腸に問題がある SIBO（小腸内細菌異常増殖症）、便秘と下痢を繰り返す潰瘍性大腸炎、痔などの問題は、身体にとっては外側の部分（外界と接する部分）である防壁の粘膜で起こる症状です。これらの疾患を抱えている人はとても多いです。

　これらすべての疾患に、はちみつが有効です。**「直接はちみつが塗れる部分であれば塗布する」「手が届かない部分であれば口から摂取する」**ことでその患部に届けられ、修復に向けてスピーディーに効果を発揮します。

抜け毛や脱毛症に

　毛髪や爪も身体の防壁です。身体の防壁のなかでも、最も外側に存在し、体内のいらないゴミを排出する部分でもあります。

　また毛髪が抜けるということは、頭皮や毛根に炎症の問題があることを意味します。つまり、そこの炎症を抑えることで脱毛の症状は治まります。はちみつは毛髪の生まれ変わりを促進します。

　私の次男が13歳の頃、円形脱毛になってしまったことがありました。ストレスを受けたことと思春期によるホルモンバランスが原因だったのですが、本人がすごく気にしていたので、はちみつを1瓶渡し、「水と混ぜて毎日その部分につけて、ひとすくいは舐めなさい」と伝えたところ、10日もしないうちに毛が生えてきて、本人はびっくりしていました。体内にエネルギー量が十分にあれば大抵のトラブルは勝手に治っていくので、彼がはちみつを直接つけず、食べているだけでも、すぐに生えてきたと思います。

　はちみつを直接つけるのと食べるのと、両方から取り入れることで、より毛髪の生まれ変わりが促進されます。

どんな症状にも、安心安全なはちみつを利用する

　ただしここで注意してもらいたいのは、**どんな症状の場合にでも、安心安全なはちみつを利用すること**が大前提です。

　はちみつの選び方については、**8時限目「はちみつの選び方【品質編】」**を確認して、それぞれのはちみつの特徴をしっかり読んで参考にしてください。

はちみつは種類によって、その効果が違う

　はちみつは単糖の集まりなので、どんなはちみつでも万能にみなさんの疾患に効果があります。そのうえ種類によって、消化管にいい、皮膚にいい、血管系にいい、甲状腺機能にいいなど、その効果に特色もあります。

　またはちみつの色によって、どこの臓器をよりサポートするエネルギーになるのかを選択することもできます。このあたりは、**9時限目「はちみつの選び方【種類編】」**で詳しくお話しします。

はちみつ用のスプーンの選び方

木製のツルツルしたものがおすすめ

はちみつをすくうスプーンは、次の２点に注意して選ぶことをおすめします。

> ❶木製のもので、
> ❷ツルツルに磨かれているもの

そして、**ウレタン塗装のようなコーティング剤処理がされていないもの**が理想です。

一般に試食でよく使われるアイス棒のような木の棒は、少量の試食に使う程度ならかまいませんが、薬剤が浸透している可能性があるので、**口に含んだままにしない**ようにしてください。

また銀や銅が原料になっているスプーンもおすすめできません。ステンレスにはグレードがありますが、**グレードの高いステンレス製（18-10 ステンレス程度）**のスプーンであれば問題ありません。

安価でどんな金属でできているかわからないスプーンは、はちみつを変質させたり、変色を招くことがあるので、薬剤を使っていない木製、もしくはグレードの高いステンレス製のスプーンを選びましょう。

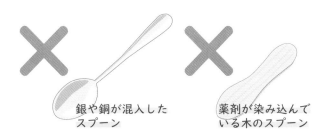

銀や銅が混入した
スプーン

薬剤が染み込んで
いる木のスプーン

本当のスーパーフード
はちみつ

SUPER
FOOD

　はちみつがなぜスーパーフードと呼ばれるのか？　その理由を
理解するために、はちみつのことをしっかり知っていきましょう。
まずは、はちみつの主成分である「糖」について学びます。

　そして、糖が人間の身体の中でどれだけ重要な働きをするのか、
そのしくみを見ていきます。そのしくみがわかれば、はちみつが
なぜスーパーフードと呼ばれるのかわかります。

01 はちみつの成分を見てみよう

はちみつの魅力は栄養バランスだけではない

　ここまでお話ししてきたように、はちみつの本当の素晴らしさは、私たち生命体のエネルギー代謝への理想的な糖質補給源であること。これが最も重要なポイントです。私たちはATP（1時限目「02 はちみつの本当の魅力は糖の力？」参照）というエネルギーがなければ、ガス欠した自動車のように動くことができません。では、はちみつの成分を詳しく見ていきましょう。

　はちみつの栄養成分表示を見ると、炭水化物（糖質）、脂質、たんぱく質、水分が主成分として表記され、続いてビタミン、ミネラル類などが並んでいます（次頁表）。一般的に「バランスよくさまざまな栄養素が入っている」「マグネシウムやカリウムや鉄など、いろいろ入っているから、はちみつはやっぱりいいんだね」という漠然としたところに目がいきがちです。

　たしかに、はちみつの中にはさまざまな栄養素がバランスよく入っています。しかしこれだけでは、はちみつをおすすめする理由にはなりません。なぜなら、これははちみつだからというわけではなく、自然のものであればたくさんのあらゆる栄養素がバランスよく内包されているからです。はちみつが素晴らしいのは、バランスがいいというだけにとどまらず、主成分が糖で占められていることが最大の魅力なのです。

はちみつの主成分は糖（炭水化物）

　次頁の表を見てみると、はちみつの主成分は80%以上が糖（炭水化物）です。そして糖分と水分だけで99.5%を占めています。要するに、はちみつの主成分は糖であると言い切れます。

　よって、はちみつが身体にいいのは、まさに糖の作用によるも

のだということがわかります。

はちみつの主成分
（栄養成分表示／
100gあたり）

はちみつの主
成分の80%
以上が糖（炭
水化物）

	成分	平均
主成分	炭水化物	82.4g
	フルクトース	38.5g
	グルコース	31.0g
	ショ糖	1.0g
	ほかの糖類	11.7g
	食物繊維	0.2g
	脂質	0g
	たんぱく質	0.3g
	水分	17.1g
	主成分トータル	99.5g
その他成分	リボフラビン（VitaminB2）	0.038mg
	ナイアシン（VitaminB3）	0.121mg
	パントテン酸（VitaminB5）	0.068mg
	ピリドキシン（VitaminB6）	0.024mg
	葉酸（VitaminB9）	0.002mg
	ビタミンC	0.5mg
	カルシウム	6mg
	鉄	0.42mg
	マグネシウム	2mg
	リン	4mg
	カリウム	52mg
	ナトリウム	4mg
	亜鉛	0.22mg

出典 Iran J Basic Med Sci. 2013 Jun;16(6):731-742

「はちみつ＝抗菌作用」といわれてきた裏事情

　「糖が身体にいい」という概念は、ここ30年以上とても抑圧されてきました。世の中の考え方は、「糖は悪だ」という糖悪玉説が主流です。ですから、はちみつ業界の人が「はちみつがいい」とマーケットでアピールするためには、はちみつ特有で糖以外の何か別の突出した理由を探さなくてはなりませんでした。

　「糖が素晴らしい」とはいえず、「ほかに何かいいところはないか」と、生はちみつには酵素がたくさん含まれているというポイントに目をつけたり、全体のたった0.5％でしかないミネラルの成分へ目を逸らしたりしました。そして、苦肉の策としてはちみつ業界が白羽の矢を立てたのが「抗菌作用」だったのでしょう。

　しかしすでに述べたように、はちみつの本当の突出した素晴らしさは、その「糖」の含有量です。そして、「糖」がエネルギー源として私たちの身体で使われるために、これ以上消化分解を必要としない「単糖」という形で存在する点にあるのです。

　2時限目の歴史のところでお話ししたように、アーユルヴェーダの古い時代の書物を眺めてみても、はちみつの薬効として感染症に効くといった記述は見あたりません。

　はちみつが感染症にいいといわれはじめたのは、ごく最近です。しかしそれは、はちみつが細菌に対して直接的に何かをするということではなく、細菌とのパワーバランスに対抗するだけのエネルギーをはちみつによって私たちが取り戻したからという、単純にそれだけの話なのです。

　世の中では、「甘いものは中毒性を生む」と根強く勘違いされ続けています。たとえば、ブドウ糖が血糖値の急な上昇や急な下降に関わっていて、糖は食べるたびにドーパミンを放出させ、それゆえ中毒性があるなどとよくいわれています。しかし、本当の意味での機序は違います。中毒性を生むというのは、正しい指摘ではありません。そもそも、「糖」と「甘いもの」は同じではないのです。次項で、そのあたりを詳しく見ていきましょう。

02 「糖」にもいろいろある

糖は大きく分けて3種類

糖の種類について勉強する前に、そもそも「甘いもの」といっても、いろいろな種類があることを知っておいてください。そこをしっかりと分けて理解できていないと「甘いもの」に関する一般的な記述に惑わされてしまうことになります。

たとえば、「甘いもの」というとケーキやアイスといったスイーツを思い浮かべますが、その「甘いもの」には、小麦粉や植物油脂も原料として含まれていることに気づいておきましょう。

糖質は炭水化物の一種です。そして1時限目でもお話ししたように、糖質は単糖類・二糖類（少糖類）・多糖類に分けられ、これ以上分解できない最も小さい単位として単糖があります。

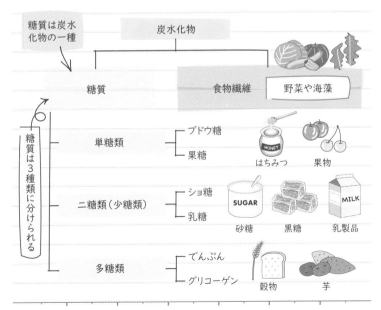

単糖類の何がすごいのか

　多糖類や二糖類（少糖類）は体内で単糖に分解していくことで、はじめてエネルギーとして利用できるようになります。この分解というプロセスがあるために、エネルギー消耗が発生します。また分解されるまでに時間がかかるので、多糖類は単糖や二糖類に比べて、エネルギー源としての即効性に欠けます（下図）。

単糖類

単糖類には、これ以上分解できない、ひとつの糖からなるブドウ糖、果糖、ガラクトースなどがある。体内には脳や赤血球など、ブドウ糖しかエネルギー源にできない組織が存在している

ブドウ糖　　果糖
など

単糖類はエネルギー源としてすぐに血中に入っていける

二糖類（少糖類）

2〜10個の糖からなる糖質は少糖類と呼ばれ、そのなかでも2個の糖からなるものを二糖類という。
砂糖や乳製品などの二糖類は約10分〜1時間で単糖に分解され、エネルギー生産の材料として吸収される

ショ糖　　乳糖
など

エネルギー源として吸収されるには単糖に分解されなくてはならない

多糖類

10個以上の糖がつながって構成されているものは、多糖類と呼ばれる。米や芋などの多糖類は約3〜4時間で単糖に分解され、エネルギー生産の材料として吸収される

分解のためにエネルギーを消耗し時間がかかるため単糖に比べると即効性がない

でんぷんやグリコーゲン　　など

単糖類がほかの糖類と大きく異なる点は、これ以上分解される必要がないので、そこに代謝分解のためにエネルギーを使うことなくすぐにエネルギー源になるというところです。口から摂取すれば、口内の粘膜や腸壁で吸収され、その後すぐに血中に放たれるという即効性が単糖の特徴です。

白砂糖は身体によくない？

砂糖の色は何色？　と聞かれたら、多くの人が「白」と答えるでしょう。

そんな白砂糖について、世の中では「白砂糖は身体によくない」といわれています。白砂糖は精白食品の代表的な食品ですが、本来の砂糖は白色ではありません。昔ながらの砂糖と現代の白砂糖との違いは、今でもあまりきちんと理解されていません。

精製されていく過程の中で、結晶粒の大きさなどによって「ザラメ糖」「車糖（くるまとう）」などがつくられていきます。ザラメ糖には「白ざら糖」「中（ちゅう）ざら糖」「グラニュー糖」、車糖には「上白糖」「三温（さんおん）糖（とう）」などがあります。

三温糖などは、一見、黒砂糖っぽくナチュラルな感じがしますが、色を均一にするためにカラメルなどで着色していることが多く、栄養的にはほかの白砂糖とほとんど同じ「精製糖」です。

白砂糖の精製度の高いものは99.8％にも達していて、本来サトウキビに含まれていたさまざまな栄養素を可能なかぎり排除しているので、栄養のないカロリーだけの食品と表現されています。自然療法の世界や健康を気にする人たちの間では、多くは「白砂糖」というのは薬と同様に、不自然なケミカル食品であると認識されています。

そのため白砂糖は「身体によくないもの」という認識が定着し、なおかつ白砂糖ではない砂糖や、糖そのものでさえも悪者扱いされてしまっているのが現状です。

白砂糖にはビタミンB群が含まれていない

　実際に、このように精製されてできた白砂糖には、黒砂糖が持っていたビタミンやミネラル類などはほとんど残っていません。ほぼショ糖のみという成分です。身体が糖分を活用するには、ショ糖という形（二糖類）から単糖へと変化させなくてはなりません。そのプロセスにはカルシウムやビタミンB群が必要なのですが、白砂糖にはそれらが含まれていないので、あらかじめ体内にあったカルシウムやビタミンB群が使われてしまいます。

　ビタミンやミネラル類が足りなくなれば、身体の必要な仕事をするために骨などからカルシウムを溶かして使われることもあります。またビタミンB群が足りないことで、栄養素のエネルギー変換が活性しなくなる原因をつくることにもなってしまいます。

　そのため、巷では「白砂糖の摂取過多によって体内のミネラルバランスを損ねる危険性がある」といわれているのです。ですが、実際には白砂糖だけで２年間生き延びた人がいるという実証例があることをご存知ですか？　そのことを考えると、糖のみならず、悪者だとされている白砂糖さえ、一般的に考えられているほど健康を損ねるものではないことがわかります。

　もちろん糖を摂取するのであれば、おすすめしたい優先順位があります。**第一に優先して摂取したいのは、単糖の集合体である果物やはちみつです。次に黒砂糖、そして精製された糖である白砂糖の順番で選ぶといいでしょう。**本来優先的に摂取したい糖は、加工する必要がなく、液体のまま採取できる天然の糖であるはちみつやメープル、アガベなどです。ただし繰り返しますが、市場に出回っている液体の糖にはシロップが添加されているケースが非常に多いので、選ぶときには十分に気をつけてください（8時限目「はちみつの選び方【品質編】」参照）。

　「白砂糖にはビタミンやミネラル類が足りない」ということは具体的に何を意味するのでしょうか。白砂糖には含まれていない「ビタミンB群」の必要性について、少し詳しく見ていきましょう。

03 糖のエネルギー生産には ビタミンB群が必要

はちみつにはビタミンやミネラルが 含まれている

はちみつがすぐれているもうひとつの点は、単糖類がエネルギーを生み出す際に必要となるビタミンやミネラルも一緒に含んでいる点です。細胞が、単糖を使ってスムーズにエネルギー生産をするために必要なビタミン類、特にビタミンB群[※]などが全部まとめて入っているのです。

はちみつは単糖類がエネルギーを生み出すのを助けるビタミン（特にビタミンB群）やミネラルを一緒に含んでいることからもスーパーフードといわれている

次頁の図を見てみましょう。このビタミンB群が、エネルギー生産の過程において、さまざまなところでサポーターとして働いてくれていることがわかるかと思います。よく健康促進の推奨サプリメントの成分としてビタミンB群が挙げられるのも、ここに理由があります。

もともと、はちみつにはビタミンB群が豊富に含まれています。これは非常に素晴らしいことです。そしてはちみつは、ビタミンB群の配合に偏りがない点でも、すぐれているといえるのです。

エネルギーであるATPを生み出す際には、糖が足りなければ脂質やタンパク質もエネルギー源として利用しますが、このときにもこれらビタミンB群の働きが必要になります。

※ビタミンB群：ビタミンB_1、ビタミンB_2、ビタミンB_6、ビタミンB_{12}、ナイアシン、パントテン酸。

エネルギーの代謝にはビタミンB群が不可欠

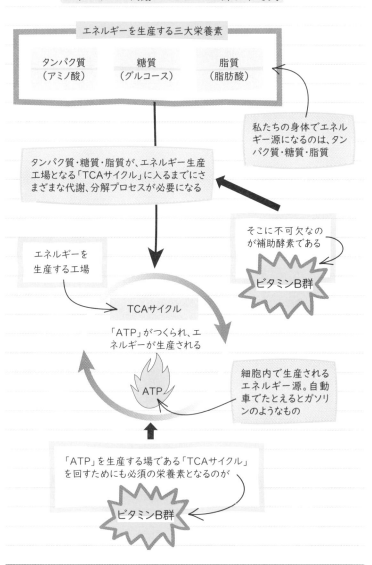

エネルギーを生産する三大栄養素

タンパク質
（アミノ酸）

糖質
（グルコース）

脂質
（脂肪酸）

私たちの身体でエネルギー源になるのは、タンパク質・糖質・脂質

タンパク質・糖質・脂質が、エネルギー生産工場となる「TCAサイクル」に入るまでにさまざまな代謝、分解プロセスが必要になる

そこに不可欠なのが補助酵素である

ビタミンB群

エネルギーを生産する工場

TCAサイクル

「ATP」がつくられ、エネルギーが生産される

ATP

細胞内で生産されるエネルギー源。自動車でたとえるとガソリンのようなもの

「ATP」を生産する場である「TCAサイクル」を回すためにも必須の栄養素となるのが

ビタミンB群

04 忘れてはいけないはちみつに含まれるミネラルの仕事

ミネラルがなければ、そもそもエネルギーを生産できない

ここで、ミネラル類（ナトリウム、カリウム、カルシウム、マグネシウム）についても少しお話ししておきます。体内において、特にナトリウム、カリウム、カルシウム、マグネシウムは大切な存在です。

なぜならこれらのミネラル類は、体内の生体反応を起こす電気的な場の調整をしてくれているからです。

私たちの細胞はミネラルの働きによって細胞の内外に電位差をつくり、電気の流れを起こすことでエネルギーの生産をしています。つまり電気の流れがなければ、前節でお話しした TCA サイクルが動かないということです。

特にカルシウムとマグネシウム、そしてカリウムとナトリウムがセットになって働き、細胞内外の電気の流れを調整し、エネルギー生産量にも影響を与えています。

はちみつに入っているミネラル類が、細胞の電気の流れを促すのです。

少し難しいところなのでここだけ覚えておきましょう

はちみつに入っているミネラル類が、細胞内外の電子移動を促す

↓

電気の流れがなければ、TCAサイクルが動かない

↓

エネルギーが生産できない

心理的・物理的なストレス下で 鍵となるのがカルシウム

　私たちは精神的にも肉体的にもストレスがかかったとき、通常よりもエネルギーを多く消耗します。ショックを受けたあと、ホッとした瞬間にドッと疲れを感じたことがありますよね。

　つまり、ストレス下ではエネルギーがたくさん必要になります。

　体内に瞬時に使えるエネルギーがないと、身体はどうにかしてエネルギーをつくり出そうとします。

　そんなとき、細胞内に入り込んで、「エネルギーが足りません！エネルギーをもっとください！」と身体に教えてくれるのがカルシウムの働きです。

　軽いストレスであれば、身体のあちこちに確保されているカルシウムの量で対処できるようになっています。しかしそれでは足りず、ストレスに対応できなくなると、骨や歯などを溶かして使います。少し具体的に見ていきましょう。

　下図のように、ストレスを感じたときには、まず身体に貯蔵されているカルシウムが細胞の中に入っていきます。流入した細胞内のカルシウムイオンによって、細胞内外の電位が変わることで、細胞は興奮状態となります。

　このときにエネルギー代謝がうまく回っていると細胞内外の電気の流れは再調整され、スムーズにエネルギー生産ができ、もとのリラックスした状態に戻ることができるのです。

ここで大事なのは、カルシウムが常に適度に補給されていれば、「ストレス対処時に緊急で身体を溶かさないといけないという状況を回避することができる」ということです。

はちみつの個性を大切にする

　はちみつの種類によってカルシウムがたくさん入っているものもありますし、あまり多く入っていないものもあります。47頁の表にあったように、カルシウムだけではなく身体に必要なほかのミネラルも含まれています。これらのコンビネーションそのものがはちみつの個性です。

　そしてその個性を知ることで、「こんな状態のときには、このはちみつを食べよう」といったように、選んで食べ分けることもできるのです。

　私たちがストレス下に置かれるのは、夜ゆっくりしているときよりも、昼間活動しているときのことが多いですね。特にストレスフルな活動時に摂取すると効果的なのが、ミネラル分を多く含む黒っぽい色、またはこげ茶色をしたはちみつです（第9章「はちみつの選び方【種類編】」参照）。

ストレスを感じたら黒っぽいはちみつ

黒っぽいはちみつ、こげ茶のはちみつ

ナトリウム、カリウム、カルシウム、マグネシウムといった「ミネラル分」がたっぷり含まれている

昼間でも夜でも、ストレスを感じたらスプーンにひとさじすくって舐めると効果的

HONEY

05 はちみつこそ 本当のスーパーフード

はちみつにはエネルギーを生み出す すべての要素がそろっている

ここまでお話ししてきた内容をまとめると、下図になります。

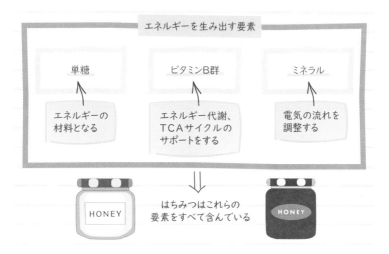

はちみつという食品の中には、エネルギーを生み出すための材料となる単糖も、サポーターであるビタミンやミネラル類も、すべてが兼ね備わっているのです。

何をするにもエネルギーがいる

私たちの身体は、たとえば食べるにも眠るにも体温を保つにも、何をするにもエネルギーが必要です。そしてストレスに対応するときは、より多くのエネルギーが必要になります。

ちょっとした傷や炎症、体内に入ってきた花粉や大気汚染などのゴミの処理、または人間関係や社会的なストレス。自分の自尊

心のなさと折りあいをつけたり、誰かを大切に思いやる気持ちを持つことさえ、エネルギーがないとできないのです。

エネルギーが多ければ、他者も思いやれる

ときどき、「他人を思いやることができない……」といって落ち込む人がいます。ですが、心配はいりません。エネルギーが増えることで、きっと自然に、他人のために何かしたいと思えるようになるはずです。そんな人こそ生活にはちみつを取り入れてみてほしいです。

自分のことで精一杯な人は、自分が日々を生き抜いていくだけのエネルギーを確保することでいっぱいいっぱいです。そして他者どころか、自分自身さえ大切にできない人は、自分用のエネルギー確保すらできていないということなのです。

一方、毎日の生活で起こる普通の基礎代謝に十分なエネルギーがあり、さらにエネルギーが余っていれば、体内で炎症を起こしても、それを勝手に代謝させていきます。自身のエネルギー代謝が十分に回っていれば、さらに他者のことも大切にするだけの余裕もできるのです。すべては、あなたが持つエネルギー総量とエネルギー使用量のバランスです。

- エネルギーを生産するにはビタミンB群とミネラルが必要

まとめ

- はちみつは、糖、ビタミンB群、ミネラルのすべてを含む本当のスーパーフード

- 私たちが生きていくうえで摂取したい「エネルギー」の材料として、はちみつは最もすぐれている

1日にどれくらいの量を
食べたらいいの？

はちみつを1日にどのくらい食べたらいいですか？

　私は常々、疲れやすかったり何か症状を抱えていたり、もっと活動量を増やしたい人には、「1回のはちみつの摂取量は大さじ2くらい、1日で大さじ6〜8は摂ってね」と、お伝えしています。

はちみつ大さじ2を直接食べるのが苦手な人は

　私は特に健康トラブルを抱えているわけではありませんが、それでもはちみつをこまめに食べていたら、意識しなくても日に大さじ6〜8くらいは食べています。朝のフルーツやヨーグルトに大さじ2、ヨガのプラクティスのときにドリンクにして大さじ2、午後のコーヒーに大さじ2、夜のコラーゲンドリンクに大さじ2です。

　ちなみに、大さじ2の量のはちみつをそのまま食べるのが難しいという人が結構います。私はそのまま食べるのも好きなほうですが、それでも上記のようにドリンクの形にして摂ることも多いです。

　直接はちみつを食べるだけではなく、スポーツドリンクやコラーゲンドリンクをつくるときに大さじ1〜2くらい入れたり、フルーツには大さじ1程度のはちみつをかけて食べてみてください。そうしていると、1日にトータル大さじ6くらいにはすぐになります。

　わが家の息子たちは、毎日、朝、学校帰り、寝る前と、冷たいハニーレモンドリンクを楽しんで飲んでいます。入れるはちみつは、毎回適当に選んでいます。あとは、カレーや煮込み料理の仕上げに、火を止めたあとに入れたりしています。

美味しいはちみつはどれ？

　また、「どのはちみつを食べたらいいですか」「どのはちみつが美味しいですか」と、よく聞かれますが、これはそのときどきによって違

います。私は常に5〜6本のはちみつをすぐ食べられるように、手に取りやすい場所に置いています。そして、たとえば「運動して発汗したなぁ」というときにはワイルドハニーとスティングレスハニーを混ぜて炭酸水で割ったり、「調子が悪くてなんだかだるいなぁ」というときにはジャラをひとすくい、「喉が痛いかも」というときはトリゴナのスティングレスハニーやプロポリスハニーやマヌカハニー（パワフルな数値ではないもの）などをサッとひとさじ舐めて対処しています。

　実際、そういった体調のときには、これらのはちみつを美味しいと感じるものです。味覚は、エネルギーです。今のあなたの身体がどんな味を美味しいと思うのか？　これは、ほかならないあなたが1番知っています。**舐めてみて、美味しいと思うはちみつを食べるのがベストな選択**です。

　これまで糖質制限とは無縁で、「糖質の制限を実行してきたこともない」「脂質主体（ケトン体）の食べ方を長期間（1年以上）続けたこともない」という人は、加工食品※の摂取をできるだけしないように気をつけつつ、目覚めたときとお休み前のひとすくいを日々実行するだけで十分だと思います。

　日々、また季節、年代や性別、疲労度などでも「味覚」という脳が選択する嗜好は変わります。**少しだけ口にしてみて、美味しいなと感じるはちみつをそのときどきで変えて食べるのが、最もおすすめの選択のしかた**です。

※加工食品：加工品にはPUFA（多価不飽和脂肪酸）の植物油脂が含有されている。

MEMO

抗菌作用が素晴らしい
……という幻想

MYTH

　ここまでお話ししてきたように、「はちみつの魅力＝抗菌作用」と思われがちです。では「抗菌作用」とはいったい何でしょうか？本当の意味での抗菌作用のしくみをここで学んでいきましょう。

　そして、抗菌指標という数字によって格づけされたはちみつの世界のカラクリに気づき、マヌカハニー神話に惑わされないようにしましょう。

「抗菌作用」は
いいのか悪いのか

抗菌作用をしっかり理解しよう

「抗菌作用を持つ商品を買ってはいけない！」なんて考える人は、あまりいません。それよりも、「悪い菌がいるならやっつけたい！」と考える人のほうが圧倒的にたくさんいます。

ここで立ち止まって、「抗菌作用」について考えてみましょう。

一般的に、抗菌作用とは「菌の増殖を抑制したり阻害したりする作用」のことを指します。殺菌、除菌、抗菌といった宣伝文句で売られている日用品も多く目にしますね。本来、私たちに必要な抗菌作用とは、「菌の力に負けないように、私たち自身のエネルギーを保ち、うまく菌とのバランスを調整していく作用」だということを、ここでしっかり理解してほしいのです。

抗菌作用と菌活は共存できるのか？

世間一般でいう抗菌作用を持つものは、どんな菌も区別せずに一掃してしまいます。それなのに、昨今「菌活」や「腸内環境を整えて健康になる！」といった菌を活用した健康法が流行しています。これが「抗菌・除菌」を意識した行動とは、まったく逆のことをやっていることにあなたは気づいていますか？

そもそも「悪い菌の存在とそれが原因の病気がある」という概念を手放さなければ、この「抗菌作用が素晴らしい」という神話は崩すことはできません。

少し難しい話になりますが、現代医学では「微生物が病気を引き起こしている」という理論（パスツールの病原体仮説）が一般的に浸透しています。現代ではその理論をもとに製薬会社や病院の医療ビジネスが大きな市場を確保しています。ですが、実は病原体仮説については、パスツール自身が後にその仮説の誤りを認めています。つまり、微生物や細菌を一掃しても病態の根本的な

改善にはつながらないのに、現代社会では未だに一生懸命除菌や抗菌に注目しているという状況なのです。

菌にはいいも悪いもない

　もしかしたら本書を読んでいるあなたも、どこかで「微生物が悪い」という刷り込みを手放せないでいるのではないでしょうか。

　たとえば、「除菌作用のあるジェルやウェットティシュを携帯して、常に使っている」「家では抗菌のハンドソープやボディーソープを使っている」など、抗菌グッズを日常的に好んで使っていませんか？

　それは「菌が自分の体内に入ってきたら嫌だ」という考えからだと思いますが、私たちは本来、身体の中も外も菌だらけの生き物です。細菌たちは大昔から存在していて、私たちと共存してきました。いろいろな細菌や真菌、いわゆる微生物たちと共生することで、私たちの身体は日々の体内環境を成り立たせています。体内で微生物に餌をあげ、彼ら微生物の生命反応から力を借りたりと、お互いに影響しあいながら共生しています。

　生命体として健康であれば、体内外での菌のバランスは勝手にうまくコントロールされるものです。それなのに「悪い菌は殺さなくてはならない」という、強迫観念に駆られるような情報や宣伝がメディアを通して世界的に発信されていることで、「菌は悪いもの」と思い込んでしまってはいないでしょうか。

　そうやって菌を嫌がる一方で、「味噌は手づくり。麹を増やしたり、ぬか漬けを漬けています」と、せっせと菌の増殖に勤しんでいるのも、なんだか不思議なものです。

　菌にはいいも悪いもありません。それぞれ生活の中でどんな環境に身を置いて、どんな菌に触れる機会が多いのか、ということによって、菌の活動も身体の反応も変わります。菌が悪いとかいいとかいう前に、あなた自身が健康でいられるようにしましょう。「健康」とは、菌から身を守ることではありませんからね。

02 病気になるしくみを理解しておく

菌活で菌をせっせと増やす一方で、抗菌力の高いはちみつを食べる矛盾

　菌がすべて悪いのではありません。どの菌もどんな種類で、どんなバランスで、どんな場所（体内も含め）に存在するのかというだけのことです。実際、私たちはたくさんの菌と共生しています。私たちの健康度が変われば、彼らの居場所の居心地が変わります。

　そうすると菌同士の力関係も変わります。たとえば、免疫細胞の勢いがあれば調整もうまくいくところが、肉体側の問題によって崩れた菌のバランスを調整できないと炎症が起きたりします。ここで出てきたのが、善玉菌と悪玉菌の概念です。「菌には"いい菌"と"悪い菌"がいる」という見方です。

　この二元論に捉われると、「菌活に取り組んでいい菌を大事にして、悪い菌は殺しましょう」という発想になっていきます。

　「01「抗菌作用」はいいのか悪いのか」でお話ししたように、善玉菌も悪玉菌もありません。そもそも「腸まで届く〇〇菌配合の乳酸菌飲料を飲もう」とか「納豆菌がいいから毎日納豆を食べよう」「善玉菌のサプリを摂ろう」とする一方で、抗菌力があるといわれるお茶を飲んだり、抗菌作用が高いといわれるマヌカハニーのようなものを摂ったりすることに矛盾を感じませんか？

　「菌が悪いから病気になるのではない」とするなら、いわゆる善玉菌を増やそうとする意味はあるのでしょうか？　次に、そのあたりを見ていきます。

「菌が悪さをして病気になる」のではない

　菌たちと私たちは共生しているとお話ししました。その多種多様な細菌や真菌と私たちが共生する中で、ある種の細菌が一時的に勢力を増し、私たちに悪影響を与える不快な症状が出るときが

あります。これは肉体側の力がいつもより弱っていることを意味します。細菌や真菌そして私たちの身体、これらのパワーバランスは日々変動しています。この力関係の変化によって、それぞれが活性されたり、抑圧されたりしながら、バランスの取れた状態を保っているのです。そのダイナミックな変化と均衡の繰り返しが、生命体である私たちの身体の中で、ただただ日々自然に起きています。今もし、微生物による感染症が私たちに致命傷となるようなダメージを与えているのだとすれば、それは間違いなく私たち側の力が落ちているからにすぎないのです。

　実際に、私自身、無理をして弱っているときには、細菌や真菌に私の力が負けてしまうこともあります。ですが、力が回復した途端、パワーバランスが対等に戻って症状は治まります。ここでいう「力」とは、私たちが個々に持つエネルギー総量です。

　ブドウ球菌であろうと大腸菌であろうと、「悪い」とされるどんな菌も、日常的に周囲に溢れている菌たちです。普段はなかよく共生しているということを理解すれば、抗菌力の強い薬剤や食物を摂取するより、エネルギーを取り戻し菌たちと対等でいられるパワーをつけることに目を向けたほうがいいのは、一目瞭然です。

　ここでいう菌たちは常在菌についてのことです。たとえば皮膚を眺めてみると、皮膚上に日頃からいる代表的な皮膚常在菌としては、アクネ菌（プロピオニバクテリウム属）や表皮ブドウ球菌、黄色ブドウ球菌、マラセチア（真菌）などがあり、2009 年にサイエンス誌に掲載された論文では 205 種類が同定されています。

　これらの皮膚常在菌が存在することで、皮脂を使ってその場を弱酸性に保ちます。悪さをするのはアルカリ性に傾くことで増える菌によるものです。特に、黄色ブドウ球菌は炎症のある肌でよく検出される「悪玉菌」ですが、環境のせいで増えるだけで、通常健康な肌では増殖して炎症の火種になることはありません。皮膚だけでなく、消化器官や呼吸器官の粘膜にいる菌たちも同様に、環境によって増殖し悪さをするだけで、健全なバランスを保てる環境があれば、菌たちとの共生は難しいことではありません。

03 抗菌作用の研究

年代別に見ておこう

　1時限目の「02 はちみつの本当の魅力は糖の力?」でお話ししたとおり、今やはちみつというと、エネルギー源としての素晴らしさではなく、その抗菌度の高さに注目が集まりがちです。そしてはちみつの抗菌度を表す指標も、研究が進むにつれて下図のように変わってきています。

はちみつの抗菌度を表す指標の変遷

1960年	はちみつが含む抗菌物質として、ブドウ糖から発生する過酸化水素が確認された	ここからはちみつの抗菌作用についての研究が活発になる
1988年	ニュージーランドのワイカト大学のピーター・モーラン教授が、「マヌカハニーには過酸化水素とは別の抗菌作用物質が存在する」という発見をした。 当時は抗菌作用が発動することが確認できても、その抗菌作用物質が何であるかを特定できなかったため、「ユニーク(特異な)・ファクター」と名づけられた	これがマヌカハニーに関しての研究であったため、「UMF(ユニーク・マヌカ・ファクター)」(4時限目08参照)として、マヌカハニーの抗菌度を表す指標になった
2000年	2000年代に入ってからは、さらに「はちみつの抗菌度」に注目が集められ、それまで解明できなかった物質が、メチルグリオキサール(4時限目04参照)という生理活性成分だったということが明らかになる	このメチルグリオキサールという成分がとてもパワフルに抗菌の力を発現させるということで注目を浴びた

04 メチルグリオキサール（MGO）とは何か？

メチルグリオキサールという物質

　メチルグリオキサール（MGO）とは、植物がストレスを与えられると2〜6倍も生産が増えるストレス物質です。つまり、植物がストレスのある環境で生き抜くために抗ストレス物質として生み出すものがメチルグリオキサールで、強い抗菌作用を持っています。

メチルグリオキサールとは

植物がストレスを与えられるとたくさん生成されるストレス物質！

そのストレス物質の花蜜がはちみつに高濃度に移行しているのが、マヌカハニー

MANUKA HONEY

マヌカハニーはメチルグリオキサールの含有量が多い！

　マヌカハニーは、オーストラリアやニュージーランドのように、土地が痩せていて過酷な環境で咲く花の蜜を集めたものです。
　マヌカハニーは、ほかのはちみつと比べるとメチルグリオキサールの含有量がとても高く、逆に、ほかのはちみつにはメチルグリオキサールはほとんど含まれていません。

4時限目　抗菌作用が素晴らしい……という幻想

69

ちなみにほかのはちみつの抗菌作用は、過酸化水素が担っています。

メチルグリオキサールが体内に入ると
何が起きるのか?

　メチルグリオキサールは体内に入ると、近くにある脂質やタンパク質と結合して AGEs（糖質由来のゴミ）や ALEs（脂質由来のゴミ）を形成します。これが非常に重要なポイントです（下図）。

メチルグリオキサールが体内に入るとどうなる?

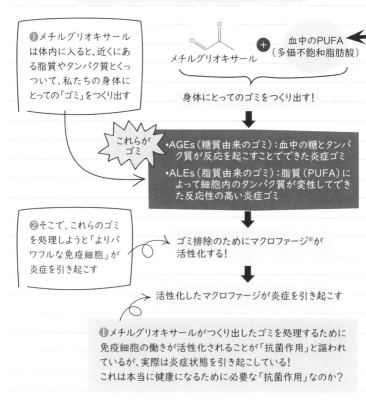

❶メチルグリオキサールは体内に入ると、近くにある脂質やタンパク質とくっついて、私たちの身体にとっての「ゴミ」をつくり出す

メチルグリオキサール ＋ 血中のPUFA（多価不飽和脂肪酸）

身体にとってのゴミをつくり出す!

これらがゴミ

• AGEs（糖質由来のゴミ）：血中の糖とタンパク質が反応を起こすことでできた炎症ゴミ
• ALEs（脂質由来のゴミ）：脂質（PUFA）によって細胞内のタンパク質が変性してできた反応性の高い炎症ゴミ

❷そこで、これらのゴミを処理しようと「よりパワフルな免疫細胞」が炎症を引き起こす

ゴミ排除のためにマクロファージ※が活性化する!

活性化したマクロファージが炎症を引き起こす

❸メチルグリオキサールがつくり出したゴミを処理するために免疫細胞の働きが活性化されることが「抗菌作用」と謳われているが、実際は炎症状態を引き起こしている!
これは本当に健康になるために必要な「抗菌作用」なのか?

※マクロファージ：白血球の1種で、免疫細胞。体内に侵入した細菌やゴミなどの異物を食べ（貪食）、溶かして分解することで処理をする。

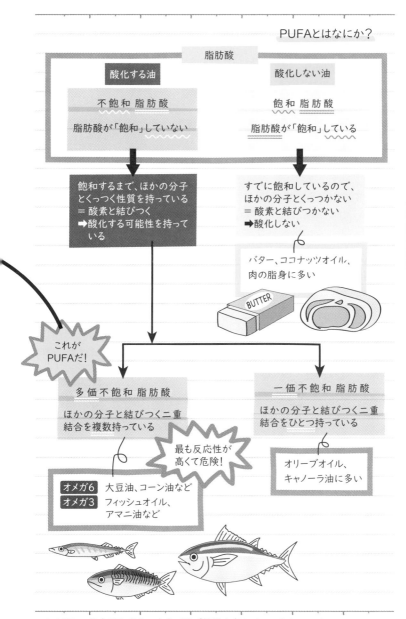

PUFAとはなにか？

脂肪酸

酸化する油	酸化しない油
不飽和脂肪酸	飽和脂肪酸
脂肪酸が「飽和」していない	脂肪酸が「飽和」している

飽和するまで、ほかの分子とくっつく性質を持っている
＝酸素と結びつく
➡酸化する可能性を持っている

すでに飽和しているので、ほかの分子とくっつかない
＝酸素と結びつかない
➡酸化しない

バター、ココナッツオイル、肉の脂身に多い

BUTTER

これがPUFAだ！

多価不飽和脂肪酸

ほかの分子と結びつく二重結合を複数持っている

一価不飽和脂肪酸

ほかの分子と結びつく二重結合をひとつ持っている

最も反応性が高くて危険！

オリーブオイル、キャノーラ油に多い

オメガ6 大豆油、コーン油など
オメガ3 フィッシュオイル、アマニ油など

※ AGEs：終末糖化物。本書では「糖質由来のゴミ」としている。
　ALEs：終末脂質過酸化物。本書では「脂質由来のゴミ」としている。

マヌカハニー神話に騙されるな！

前頁の PUFA（多価不飽和脂肪酸）の説明を見るとわかると思いますが、ほかのものとくっついてゴミになりやすい PUFA が血中にあることは、大変危険なことです。残念なことに、この状態は環境ストレスが多い現代人のほとんどすべての人にあてはまるのですが、特にリーキーガットといわれるような腸の粘膜にダメージを抱えているような人が（こちらも現代人の多くの人にあてはまる）、そのような状態でマヌカハニーを摂取すると、壊れた腸粘膜からマヌカハニーに含まれるメチルグリオキサールが血中に入り、全身の血液中の PUFA とくっついて、ALEs（脂質由来のゴミ）になってしまうのです（70 頁図）。

ALEs（脂質由来のゴミ）は身体にとっては必要のない処理すべきゴミです。私たちの身体では日頃から毒やゴミといった侵入者を掃除するマクロファージという免疫細胞が血液中をパトロールしています。この免疫細胞であるマクロファージはゴミを認識し、貪食※します。その際、身体は炎症を起こすことがあります。健康によかれと思って摂取したマヌカハニーが、実際は全身の炎症を増やす原因になってしまうことがあるのです。

老化やアルツハイマー、心筋梗塞は ALEsが原因！

ここ 20 年間くらい、AGEs（糖質由来のゴミ）が老化やアルツハイマー、心筋梗塞などの主原因とされてきました。「老化に伴う多くの病態は AGEs によってもたらされます。なので、体内に AGEs ができないように糖摂取を減らしましょう」といわれてきたのです。しかし、これは糖を悪者とする情報操作のためか、あまりにも偏りすぎた見方であり正しいとはいえません。

結論を先に述べてしまえば、ここで取りあげられている老化に伴う多くの病態は、糖由来の AGEs が主原因ではなく、ALEs というタンパク質の残存物と脂質が結合した脂質由来のゴミが原因

※貪食：体内の細胞が不必要なゴミを取り込み、消化し、分解する作用。

なのです。

1996年に「糖と脂質（オメガ3とオメガ6）のどの種類がタンパク質に対してより大きなダメージを与えるか」という実験がなされました。その結果、脂質は糖よりも23倍ものスピードでタンパク質と結合し、ALEs（脂質由来のゴミ）を発生させることがわかりました。オメガ3とオメガ6（多価不飽和脂肪酸）から産生される猛毒物質アルデヒドが、タンパク質と速やかに結合するのです。

病気のリスクを高めるのは糖より脂質！

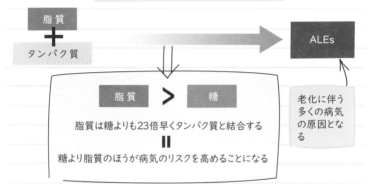

一方で、糖がタンパク質と反応する作用を「メイラード反応」といいますが、この反応は高温・高血糖・高リン血症などの特殊な条件がそろわないと発生しません。これらがすべてそろうのが加工食品の調理過程です。加工食品には比較的多くのAGEs（糖質由来のゴミ）が含まれますが、ALEs（脂質由来のゴミ）のように人体で急激につくられることはありません。

世間では「AGEs（糖質由来のゴミ）が身体に悪い」という風潮があるので聞いたことがあるかもしれませんが、「ALEs（脂質由来のゴミ）が病気の原因になっている」とはほとんどの人が聞いたことがないかもしれませんね。このあたりには操作性を感じます。改めて見直すことが大事なテーマだと思っています。

05 ALEs（脂質由来のゴミ）は マクロファージが掃除する

ゴミ掃除がうまいくかないときが問題

PUFA（多価不飽和脂肪酸）が原因となるゴミ（ALEs：脂質由来のゴミ）に対しては、マクロファージという免疫細胞が発動し、貪食して代謝することで、体内では炎症が加速します。

しかし、抱えたゴミの「結合のしやすさ」の度あいが高い場合、マクロファージ自身が取り込まれて傷んでしまい、ゴミを抱えたまま自分自身がゴミになるという現象が起こります。

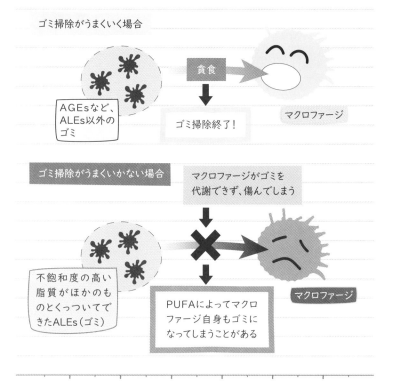

ゴミ掃除がうまくいく場合

AGEsなど、
ALEs以外の
ゴミ

貪食

ゴミ掃除終了！

マクロファージ

ゴミ掃除がうまくいかない場合

マクロファージがゴミを
代謝できず、傷んでしまう

不飽和度の高い
脂質がほかのも
のとくっついてで
きたALEs（ゴミ）

PUFAによってマクロ
ファージ自身もゴミに
なってしまうことがある

マクロファージ

抗菌作用のからくりを知っておこう

このゴミになってしまったマクロファージが身体中の関節部分などにくっつくことで、将来的にリウマチや関節炎といった、加齢とともに生じやすい炎症へと進行していくのです。この不飽和脂肪酸に抱き込まれたマクロファージの死骸が、そのまま組織にくっついてしまう状態がリウマチなどに見られる症状です。これらの症状は一般的には自己免疫疾患という名目になっていますが、実は不飽和脂肪酸による ALEs（脂質由来のゴミ）の仕業です。

抗菌作用と勘違いされてしまうしくみ

こうして起きた炎症は、加速していく過程で身体から鉄や銅を奪います。すると、特に鉄を使って繁殖している微生物は繁殖の材料を奪われるわけですから、その増殖力が抑えられてしまいます。また同時に免疫細胞の貪食の力で処理もされるので、結果、微生物が減少します。これが抗菌作用として認識されているものの正体です。

つまり、メチルグリオキサールが微生物を殺傷しているわけではないのです。メチルグリオキサール自体が身体にとって毒なので、免疫活性が起こり、メチルグリオキサールという毒を代謝するための炎症が加速されていき、そのとき微生物なども一緒に処理されるということが、身体の中で起こっているのです。ある意味、エネルギーの無駄遣いだともいえるでしょう。

一般的には「メチルグリオキサールを取り入れることで免疫力が上がり、ゴミ掃除が活性した」といった理論説明になっていますが、そうではないことをよく理解しておきましょう。

では次節で、このメチルグリオキサールが高いマヌカハニーが私たちの身体にすることと、マヌカハニーに使われる指標 MGO について、さらにはメチルグリオキサールがもたらす抗菌作用について見ていきます。

4時限目　抗菌作用が素晴らしい……という幻想

75

MGO（メチルグリオキサール）という指標

抗菌指標「MGO」の意味

　マヌカハニーにおいて、最も多く目にする抗菌指標が「MGO（メチル・グリ・オキサール）」です。

　この MGO がどれくらい入っているのかが抗菌作用のパワフルさの指標となり、MGO の高さがマヌカハニーの特徴として評価されるようになりました。

　こういった経緯で、今では「はちみつ＝抗菌作用」となり、「抗菌作用＝メチルグリオキサール」という認識が一般的に広く定着しています。

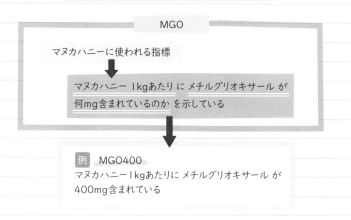

MGO（メチルグリオキサール）とはなにか？

MGO

マヌカハニーに使われる指標

マヌカハニー 1kgあたり に メチルグリオキサール が 何mg含まれているのか を示している

例　MGO400
マヌカハニー 1kgあたりに メチルグリオキサール が 400mg含まれている

　2時限目で紹介した古代の文献に残っているはちみつの効能ですら、「抗菌作用があったから」と間違えた解釈をされて、歴史が捻じ曲げられてしまっているのです。

MGOがもたらす「抗菌作用」は、
健康を維持していくために必要か？

　さて、ここで考えていただきたいことがあります。このメチルグリオキサールがもたらす「抗菌作用」は、私たちが健康を維持していくために必要なものなのでしょうか？

　日々身体中をパトロールしてゴミを掃除してくれているマクロファージ（免疫細胞）をわざわざ必要以上に刺激する意味はあるのでしょうか？

　メチルグリオキサールは炎症を引き起こす材料となるだけで、本来の意味での免疫力を高めるわけではありません。それどころか、その逆の作用を持つものだと覚えておきましょう。

　都会に住む現代人は、普通に暮らしているだけで体内に炎症が起きやすい環境にいます。皮膚疾患、リウマチ、糖尿病、がんなどの慢性疾患や偏頭痛など、慢性的に悩んでいる症状の背景には、「慢性炎症」があります。その原因には加工食品に含まれる植物油脂をはじめ、間違った健康食品の流行、大気汚染、そして長期にわたる薬剤投与、電磁波などの問題があります。大多数の現代人は、多かれ少なかれ慢性炎症を抱えており、甲状腺機能が低下している状態です。そこにさらに炎症を加速させるメチルグリオキサールが多量に含まれるマヌカハニーを摂取することは、病態をさらに悪化させる原因となりかねません（次頁図）。

　インターネットが普及するにつれて、少し調べるだけで健康情報が簡単に手に入るようになりました。同時に、多くの間違った情報も拡散されています。「健康にいい」とされてきた健康食品が、本当は健康を害する原因となっていたということも多々あります。

　インターネットやテレビの健康情報は、流行りを生み出すために「偏った情報が拡散されている」のだと思っておくくらいがちょうどいいのかもしれません。一般に流通している「健康情報」に基づいた健康食品の摂取には、十分に気をつける必要があります。

マヌカハニーが私たちの身体でしていること

日常的に
不飽和脂肪酸の多い
食事をしている

加工食品、炒めもの、
揚げ物、サラダドレッ
シングなど

さらに、そこへ
MGOが高いマヌカハ
ニーを頻繁に食べる

MGO（メチル
グリオキサール） ＋ 血中PUFA
（多価不飽和脂肪酸）

すると
ALEsが身体の関節部
分などに溜まっていく

炎症
ALEs
炎症
ALEs
炎症
ALEs

そうなると
ゴミが溜まり続けるため、炎
症が慢性化し、その過程で
身体から鉄や銅が奪われる

つまり
鉄に繁殖を依存している微生
物はその増殖力を奪われる

ここで
同時に免疫細胞が活性
化されているので微生
物は貪食されてしまう

メチルグリオキサール自体
が毒なので、その毒を代謝
するのと同時に微生物も処
理されている

これが
マヌカハニーによってもたら
されている「抗菌作用」
と認識されているもの

07

TA（トータルアクティビティ）という指標

オーストラリアがニュージーランドに対抗するためにつくった指標

メチルグリオキサールがたくさん入っているはちみつに対抗する指標として、新しくTAという指標が生まれました。これは、メチルグリオキサールが入っていない「抗菌作用が証明できないはちみつ」を売るためのものです。TAという指標をつくることで、「このはちみつはMGOは低いけれど、代わりにTAが高いので貴重だ」という概念をつくりあげたのです。

TAは、PA（過酸化物活性）という過酸化水素による殺菌効果と、NPA（非過酸化物活性）という過酸化水素以外の成分による抗菌作用とをあわせた2つの指標から成り立っています。

オーストラリアで採蜜されるジャラというはちみつの抗菌活性レベルを表すTAは、オーストラリアがマヌカを産出するニュージーランドに対抗するために「マヌカのようにメチルグリオキサールが入っていないからといって抗菌作用がないわけではない」と主張するための指標なのです。

TA（トータルアクティビティ）とはなにか？

TA

PA 過酸化物活性	NPA 非過酸化物活性
はちみつの中に含まれるフェノール化合物が酸素と反応して「過酸化水素」という殺菌成分に変化する。その過酸化水素が持つ抗菌作用を指標化	過酸化水素以外の成分による抗菌作用 ・グルコース濃度 ・メチルグリオキサール（マヌカハニー） ・はちみつが持つ高い酸性度

+

例　TA35+ ➡ フェノール3.5％水溶液と同等の抗菌効果がある

08 UMF（ユニークマヌカファクター） という指標

フェノールの成分を指標にして はちみつの抗菌作用を比較する

UMFの数値は抗菌成分の濃度を表していて、「同濃度のフェノール水溶液と同等の殺菌力を持つはちみつであるということ」を表します。

生体消毒薬であるフェノール（石炭酸消毒薬）は、その場で炎症を引き起こすことが得意な物質です。炎症を起こすことで、微生物と戦う力（抗菌性）を発揮します。つまりフェノールという、抗菌作用がある物質としてよく知られている既存の成分を指標にして、はちみつの抗菌作用をそこにあてはめたのがUMFなのです。

抗菌の力として、フェノールは非常にパワフルです。アロマセラピーの世界でも同じですが、タイムやシナモンリーフといったフェノール類を多く含むグループは炎症を起こしやすいので、取り扱いが危険と認識されています。

フェノールがたくさん入っているものは皮膚刺激や粘膜刺激があるのです。難しい表現かもしれませんが、そこには「電子を奪って燃やしてしまう強い力」（炎症を起こす力）があるということです。フェノールのような刺激の大きいものは、たくさんあればいいというわけではありません。はちみつの質を測る指標として、高ければ高いほどいいという認識で使うと危険であることも知っておきましょう。

一般的なハチミツ	UMF0〜1程度
UMFの含有量が少ないマヌカハニー	UMF0.5〜4程度
UMFの含有量が多いマヌカハニー	UMF10以上

UMF10 = 10%のフェノール水溶液と同じ殺菌力を意味する

09 微生物悪玉説を手放して 本当の健康を手に入れる

薬の代替では本当の意味での 自然療法とはいえない

　少し繰り返しておくと、マヌカハニーにメチルグリオキサールの存在が認められてからは、「はちみつの主な効能はその抗菌性にある」という認識が定着するようになりました。そして、古くからはちみつが利用されてきた歴史の背景もいつの間にか抗菌作用によるものだと置き換えられ、「はちみつは、その類い稀な抗菌力と殺菌力によって医療目的のために使われていた」と表現されるようになっています。

　特に現代においては、「感染症が脅威」の世の中になっているので、その脅威に対抗する手段として、医療の世界でもはちみつが使われるようになりました。そこでは自ずと「抗菌作用が高ければ高いほどいいはちみつである」という考え方が主流になります。

　多くの人は「薬理作用」が大好きです。「現代医学に替わって、何か自然なもので薬と同様の作用を起こすものはないか」と考えるのです。それゆえに「この自然療法は、こんな症状に効きますか?」といった質問ばかりになってしまうのです。その発想自体がある種の刷り込みのうえに成り立っていることに気づいてください。薬の代替にすぎないものは、本当の意味での自然療法とは呼べないのです。

　大昔から人々が実践してきた自然療法は、まったく別の概念のもとに成り立っています。そもそも私たちの身体は完璧です。今いる環境で最適に生き抜くことを、身体全体の調整をしながら実現していくものです。私たちの身体を全体的かつ包括的に捉えて対処しないことには、「本当の健康」は取り戻せません。本来の自然療法とは、そのサポートにすぎないのです。

値段だけでは本物かどうかはわからない

　近年、「悪いのは菌だ。だから菌によって病気になる」といった短絡的な概念が植えつけられてしまったので、「抗菌作用が高いものを食べれば私たちは病気にならない」「抗菌作用が高いはちみつや抗菌作用の高い薬を摂れば悪い菌に対処できて、健康な身体に戻る」といった結論に行きつくことになります。

　しかしながら、実際は物事にいいも悪いもありません。同じものでも、その環境によって、時にはいいと認識され、時には悪いと認識されます。この「いいと悪いの定義」とは、そもそも何なのか。誰にとっての良し悪しなのか。どの視点に立ってのジャッジなのかによって、答えはその都度違ってきます。

　つまり、「悪い特定の菌を殺します」といった記述がされている商品や物があれば、それは信用ならないということです。もちろん成分によっては対処しやすい菌というのは存在するでしょうが、ダメージを受けるのはその菌だけではなく、私たちの身体全体のバランスにも影響があるということを忘れないでください。

　ここには根強く「微生物悪玉説」が存在します。悪さをするのは菌であり、どうやってその悪い菌に的を絞って殺傷しようかというところばかりに考えがおよぶのです。そしてそれは残念ながら医療の世界だけではなく、現代の自然療法の世界でも同じといえます。この考え方を手放さないかぎり、本当の健康を手に入れることは難しいでしょう。

　また、はちみつの中で最も抗菌作用が高いとされているマヌカハニーは、世の中で最もいいはちみつとされ、高値で取引されています。ゆえにメチルグリオキサールを人為的に増やした偽物が取引されることが頻発し、マーケットで本物のマヌカハニーを見分けることが本当に難しくなってしまいました。ニュージーランドでは偽物のマヌカハニーに関する訴訟が絶えません。

　値段がどれほど高いものであっても、それが本物なのかどうかはわからない世界になってしまったのです。

10 本来の意味での「抗菌力」とMGO以外の抗菌作用

論文の実験はペトリ皿の上でのもの

そもそも抗菌度や抗菌作用の指標になっている数字は、実験室のペトリ皿上で菌にはちみつを投与して、「菌がこれだけ死にました」というデータを出しているにすぎません。非常に限定・隔離された環境であるペトリ皿上で起きていることと、周りに存在するものから隔離することが不可能である体内で起きていることは、同じではないということを忘れてはいけません。

メチルグリオキサールや過酸化水素はひとたび体内に入ると、周りの物質と電子の受け渡しを行いながら違う物質へと変わります。つまり、体内ではメチルグリオキサールや過酸化水素そのものが本当に微生物を死滅させたかどうかということが、そもそもわからないのです。そういった曖昧さも、この「抗菌性」という考え方には潜んでいます。

抗菌作用で「悪い菌」が殺菌されるからいいのではなく、糖が体内に入ることで菌に対抗する自分のエネルギーが活発化するという発想で、はちみつの効用を見るほうがやはり納得がいくのです。

はちみつを取り入れることで下図のようなことが起こります。

はちみつ（糖）を摂る

糖の力で元気になる

その回復したエネルギーを使って、その場の微生物を適切に調整・処理する そこで処理された過剰な微生物などのゴミを掃除するために起きた炎症も、その仕事が終われば自然と鎮まっていく

4時限目　抗菌作用が素晴らしい……という幻想

83

これがはちみつが持つ本来の「抗菌作用」という、菌を制圧する力なのです。

　ペトリ皿の上で菌がどれだけ死滅するかという実験と、私たちの身体が菌とどのように向きあって対処するかという話は決して同じではありません。

　しかし、それを「抗菌作用のおかげなのだ」として納得させたいと考えているのが「砂糖悪玉説」が蔓延（はびこ）る現代で、モノ（はちみつ）を売りたい側の戦略であり、一般消費者の人たちがそれを鵜呑みにして信じてしまっているという現実があります。

　本来のマヌカハニーは素晴らしいはちみつなのですが、抗菌作用がとても高いとされているものは、特に粘膜がリーキーガットを起こしているような状態の人（腸の粘膜ダメージを抱えている人）が毎日たくさん食べるには適しているとは思えません。

TA値が高いはちみつは毎日摂っても大丈夫？

　私はかなり以前から、マヌカハニーの中でもメチルグリオキサール値が高いものは積極的に摂らないようにとお伝えしているので、TA値が高いはちみつに関して「メチルグリオキサールと同じで毎日摂ってはいけませんか？」と質問をいただくことがあります。TA値が高いはちみつに関しては、心配はいりません。

　TAに含まれる抗菌の意味は、ペトリ皿上で抗菌力が発揮されるPA（過酸化物活性）がメインではなく、それ以外のNPA（非過酸化物活性）、つまりはちみつが持っている酸性度とグルコースとフルクトース濃度によるものであるからです。これは、はちみつ本来の力です。次項で詳しく見ていきましょう。

はちみつの抗菌性とは、高い酸性度とグルコース濃度によるもの

　はちみつの抗菌性レベルを表す指標としては、前述のように過酸化水素もTAの指標になっています。

この過酸化水素に関しては、「鉄などの重金属が存在するところで、反応性の高い活性酸素（ヒドロキシラジカル）を結成し、それがバクテリアの細胞壁にダメージを与えることによって抗菌性を発揮する」という研究論文があります。しかしこの抗菌性の研究や実験も、単にペトリ皿上のものであり、体内での反応を見るような実験ではありませんでした。

　このヒドロキシラジカルは、バクテリアの細胞壁にダメージを与えるだけではなく、血液中に侵入すると、身体にとって猛毒であるアルデヒドの形成を促して私たちの身体にもダメージを与えます。

　一方で、UMF指標のところで出てきたフェノールですが、はちみつによってはポリフェノールなどのフェノール物質が含まれていないものもあります。そのようなはちみつでも、抗菌作用があることがわかっています。それは**グルコース濃度が高いことによって引き起こされる抗菌作用**です。２時限目「02 世界のはちみつの歴史：ミイラづくりの防腐剤としてのはちみつ」の項でもお話ししたように、高濃度のグルコースはバクテリアから水分を引き抜き、その結果としてバクテリアは活性を失い増殖できなくなります。

　同時に、**グルコースが入ることによって私たち自身のエネルギーが活性し、自然と体内の菌バランスを調整**します。

　また、はちみつは酸性度が高めなので（pH3.2～4.5）、外用した場合、バクテリアをゆるやかに抑制する静菌作用を持ちます。ただ、酸性度の高いはちみつでも、口の中に入ると唾液によって中和されてしまうので、それ自体が体内で抗菌性を発揮するとみなすことはできません。

　このように見てみると、先人たちが利用したはちみつにおける「抗菌性」というものは、PA（過酸化物活性）や、メチルグリオキサールといった成分の作用ではなく、それ以外のNPA（非過酸化物活性）、つまり、**はちみつが持っている高い酸性度とグルコース濃度によるもの**であったことがわかります。

アロマポセカリーという考え方

私の抗菌作用に対する見方が変わるきっかけになった
アロマセラピー

　1985年にロバート・ティスランドの『アロマテラピー〈芳香療法〉の理論と実際』（フレグランスジャーナル社）という翻訳本が出版されたことをきっかけに、アロマセラピーに興味を持ちました。学びを深めていたあるとき「それぞれの成分の種類や作用機序（働き）がこんなに違うのに抗菌作用としてはなぜ一緒にされているのだろう？」と疑問に思ったのです。そこから今では「アロマポセカリー」という独自の理論を構築しています。

　精油は、それぞれノート（香調）が違います。ノートが違うということは、持っている分子の大きさや求電力も違うということです。分子の大きさや組成が違えば、菌に対してのアクションのしかたも異なります。**すべての万物は、くっついて大きくなるか、バラバラになって小さくなるかのベクトルを持ちます。**くっつくというのは、比喩的に表現すると固めて冷えていき、電気的には抑圧する性質です。一方、その対極にあるのが燃やしてチリチリにしてバラバラにする性質です。熱が減衰したり放出されたりするので、冷たさと熱さを伴う反応には、電子の獲得や手放しといったそれぞれの作用が関係しています。

　精油を使って身体に必要のない微生物やゴミを掃除・処理するには、精油の持つそれぞれの分子がどのような成分なのかによって、掃除や処理のしかたがまったく違ってきます。

　微生物自体をバラバラに破壊し死滅させるのか、または身動きが取れないように冬眠状態、言い換えれば生命体としての反応を奪うかです。どちらも、いわゆる「抗菌」の状態です。

　それぞれの精油に含まれる分子が、電子をもらう（奪う側の）性質なのか、それとも電子を渡す（溜め込む側の）性質なのかによって、ゴミに対してのアクションが異なるのです。

アロマポセカリーという考え方を少しだけご紹介

　アロマセラピーを深く学ぶと、それぞれの成分の電子の動きも理解することになります。精油成分の座標はアロマセラピーを学ぶ人にとってはお馴染みです。電子を受け取る（求電）側か電子を渡す（求核）側かを眺める上下の軸、その実行のしやすさ（水の多さ）が大きいか、実行のしにくさ（水の少なさ）が大きいかを眺める左右の軸、この縦横の軸で精油を考察するのです。

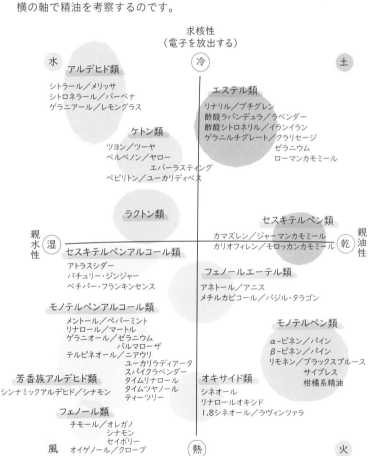

求核性
（電子を放出する）

水　アルデヒド類

シトラール／メリッサ
シトロネラール／バーベナ
ゲラニアール／レモングラス

冷

土

エステル類

リナリル／プチグレン
酢酸ラバンデュラ／ラベンダー
酢酸シトロネリル／イランイラン
ゲラニルチグレート／クラリセージ
　　　　　　　　　ゼラニウム
　　　　　　ローマンカモミール

ケトン類

ツヨン／ツーヤ
ベルベノン／ヤロー
　　　エバーラスティング
ペピリトン／ユーカリディベス

ラクトン類

セスキテルペン類

カマズレン／ジャーマンカモミール
カリオフィレン／モロッカンカモミール

親水性　湿

セスキテルペンアルコール類

アトラスシダー
パチュリー・ジンジャー
ベチバー・フランキンセンス

乾　親油性

フェノールエーテル類

アネトール／アニス
メチルカビコール／バジル・タラゴン

モノテルペンアルコール類

メントール／ペパーミント
リナロール／マートル
ゲラニオール／ゼラニウム
　　　　　　　パルマローザ
テルピネオール／ニアウリ
　　　　ユーカリラディアータ
　　　　スパイクラベンダー
　　　　タイムリナロール
　　　　タイムツヤノール
　　　　ティーツリー

モノテルペン類

α-ピネン／パイン
β-ピネン／パイン
リモネン／ブラックスプルース
　　　　　　　サイプレス
　　　　　　柑橘系精油

芳香族アルデヒド類

シンナミックアルデヒド／シナモン

オキサイド類

シネオール
リナロールオキシド
1,8シネオール／ラヴィンツァラ

フェノール類

チモール／オレガノ
　　　シナモン
　　　セイボリー
風　オイゲノール／クローブ

熱

火

求電性
（電子を受け取る）

精油の成分を電子の受け渡しの視点で見直し紐解くことと、ヒポクラテスの４つのエレメント（火風土水：下図）の発想が結びついて、エレメントマトリックス®の理論が完成するに至りました（次頁下図）。そしてエレメントマトリックス®とアロマセラピーの理論を複合させたのが、「アロマポセカリー」という理論です。

　熱が出た際、通常のアロマセラピーでは、冷やす要素を持つ精油なのか、温める要素を持つ精油なのかに関しては区別がなく、単に「解熱に効果的」とだけ説明されていることがほとんどです。しかしこれでは、熱を抑制するのか、免疫力を上げるのか、使い分けることができません。一方で、**アロマポセカリーでは熱が出たときに、まず「冷やすのか」それとも「温めるのか」を考えるのです。**

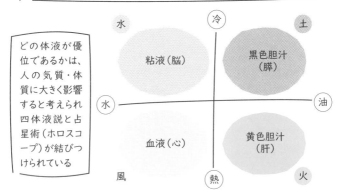

ヒポクラテスの四体液説

人間の体液は血液を基本に「血液、粘液、黄胆汁、黒胆汁」の４つから成り、そのバランスが崩れると病気になるという考え方

どの体液が優位であるかは、人の気質・体質に大きく影響すると考えられ四体液説と占星術（ホロスコープ）が結びつけられている

水　　　　　　冷　　　　　　土

粘液（脳）　　　　黒色胆汁（膵）

水　　　　　　　　　　　　　　油

血液（心）　　　　黄色胆汁（肝）

風　　　　　　熱　　　　　　火

「患者のホロスコープを解明できないものに医師の資格はない」
（ヒポクラテス）

この体液の捉え方は、現代医学的には正しくないとされている。血液と粘液という体液は存在するが、「黄胆汁」と「黒胆汁」という「乾いた」液体は存在しない。あくまでも比喩の表現として認識すれば、これを水の欠如と考えると、体内における液体で水ではないもの＝油となり、左が水、右が油で、そのバランスを指していると理解できる

日頃の食生活によって使う精油は変わる

　日頃から体内に炎症ゴミを抱え、それを抑圧し冷やしていくような食生活をしている人が発熱したときには、強く温める（活性する）作用を持つ精油を使うことは危険です。なぜなら、生活習慣（特に食生活）によってつくられた慢性的に抑圧されたエネルギー節約モードは、その精油がトリガーとなって抑圧状態から解かれ、過剰に活性が起きることがあるのです。その場合、炎症は急激に悪化し、自然療法では対処できないくらいの症状が出る可能性があります。

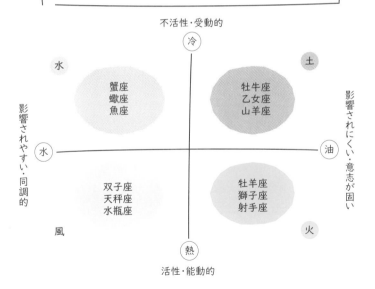

エレメントマトリックス®

四体液説に、電子や量子エネルギーの理論を重ねることで、進化版としたのが、「エレメントマトリックス®」。日常の生活習慣、食べ物、自然療法のさまざまなことまで、この4つの要素に大別できる

不活性・受動的

冷

水

土

蟹座
蠍座
魚座

牡牛座
乙女座
山羊座

影響されやすい・同調的

水

油

影響されにくい・意志が固い

双子座
天秤座
水瓶座

牡羊座
獅子座
射手座

風

火

熱

活性・能動的

身体の仕事を素早く終わらせるのも大切

　一方で、日頃から元気な子どもがちょっと熱を出したときに、冷やす（抑圧する）作用のある精油を与えた場合、一時的に熱は下がっても、ほかの症状を長引かせる原因になりかねません。こういったときは、日本でも昔から「子どもの発熱の初期は温かいお風呂に入ってすぐ寝るように」と言われたように、パッと身体を温める要素を持つ精油を使うことで、初期の発熱にちょっとだけ勢いをつけて身体に必要な仕事を早く終わらせることができるのです。

　生活習慣でつくられたその人の肉体的な状態、病気の状態、そして精油の性質をそれぞれ４つのエレメントに分類し、使う精油を選ぶことで、「おうちの薬箱」としての精油を選ぶ精度を格段に上げることができるのが、「アロマポセカリー」です。

アロマポカセリー

❶クライアントの生まれ持った体質を、星座をもとに4つのエレメントで仕分けする

❷さらに、クライアントの疾患も4つのエレメントに仕分けする

❸精油に含まれる化学物質によって、世の中に存在するすべての精油は4つのエレメントに仕分けできる（電子の動きに注目）

❹「クライアントのもともとの体質と生活習慣でつくられた今の体の状態」＋「疾患のエレメントの情報」を使って、どのエレメントに属する精油を使うと症状を改善できるかを見極めることができる

はちみつ業界の実態

BEHIND
THE SCENES

　ここでは、はちみつ業界の闇に迫ります。
　そして貴重なはちみつを守ることがどれだけ大変なことか、私自身が見てきたロシアやカザフスタンの養蜂家たちの実情もお話ししていきます。

01 ほとんどのはちみつは 人工シロップが混ざっている

世界三大アダルトレーション

　「世界三大アダルトレーション」という言葉を聞いたことがありますか？　アダルトレーションとは、英語で「混ぜ物をすること」を意味します。つまり食品偽装です。

　世界中のマーケットに出回っている食品の中で、混ぜ物によって偽装が行われている食品のトップスリーにはちみつが入っているのです。

世界三大アダルトレーション

第1位　オリーブオイル

第2位　牛乳

第3位　はちみつ

人工シロップの毒性を知っておこう

　実は、マーケットに出回っている9割以上のはちみつに人工シロップが入っていることが報告されています。人工シロップとは、いわゆる人工甘味料の一種である「異性化糖」のことを指します。日本では、特に「ブドウ糖果糖液糖」と表示されていることが多

いです。ブドウ糖果糖液糖は、主に遺伝子組み換えのトウモロコシや甜菜（てんさい）を原材料としているので、安価に大量生産することができる人工甘味料です。実際、砂糖は高価なのです。

人工シロップの毒性は、医学論文でもさまざまなところで証明されています。少しピックアップしてみましょう。

医学論文で見る人工シロップの毒性

- 原料が遺伝子組み換え（GMO）のトウモロコシであること。それゆえ私たちの遺伝子にダメージを与える

- グリホサート※の問題。遺伝子組み換え作物が育つ農地には殺虫剤や除草剤が必ず撒かれているため、GMOのトウモロコシが原材料である人工シロップにもネオニコチノイドやグリホサートなどが混入している。これらはエストロゲンのような疑似ホルモン作用を持ち、炎症の原因となる

- 人工的に化学合成される過程で、重金属による汚染やでんぷん質の混入

- 2019年の研究では、ブドウ糖果糖液糖が、がんを促進させたり、肥満・高脂血症といったメタボリックシンドロームや行動異常（躁（そう）うつ病など）を引き起こすことが報告されている

シロップ入りのはちみつは身体にいいことがない

人工シロップ入りのはちみつをたくさん食べても、健康にはなりません。なぜなら、毒性のあるものが一緒に入っていて代謝を落とし、私たちの身体がやるべき仕事を邪魔するからです。そして、人工シロップは代謝するのも大変です。ここでも無駄なエネルギー消耗が発生してしまうのです。

簡単にいってしまえば、本来ならばはちみつを食べて元気になりたいのに、シロップ入りのはちみつは逆に私たちからエネルギーを奪い、さらには私たちの身体にダメージを与えて病気の原因になってしまうということなのです。

ちなみに、これは大切なことなのですが、遺伝子組み換えトウ

※グリホサート：7時限目「03 安心できるはちみつの条件」参照。

モロコシでできた人工シロップであるブドウ糖果糖液糖は、英語では「High-fructose corn syrup：HFCS」と呼ばれます。フルクトースと書かれていますが、このフルクトースは天然のはちみつに含まれている単糖のフルクトース（1時限目 02 参照）と同じものではないということを覚えておいてください。

2013 年のリサーチデータでは、マヌカハニーのラベルを貼ったものが年間 1 万トン以上も市場に出ているのに対し、実際のその年の年間マヌカハニー生産量はニュージーランドで 1,700 トン、オーストラリアで 400 トンです。はちみつ産業がこの 10 年で劇的に伸びている中でも、2019 年の最新のニュージーランドのデータではおおよそ 2,300 トンの収穫量しかありません。実際の生産量をはるかに超えた量のマヌカハニーが、市場に出回っていることは間違いありません。

生産者からマヌカハニーを買い取った中国の販売業者が、安価なはちみつや人工シロップなどで水増しをして販売しているケースもありますし、最初から生産者にお金を払って水増しして生産しているケースもあります。**マーケットで売られている 9 割以上のマヌカハニーは偽物**だということです。これは本当に悲しい事実です。

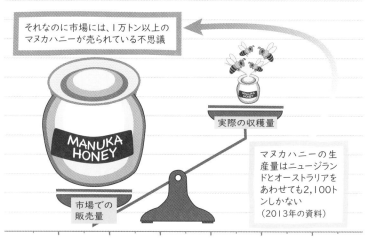

それなのに市場には、1万トン以上のマヌカハニーが売られている不思議

実際の収穫量

マヌカハニーの生産量はニュージーランドとオーストラリアをあわせても2,100トンしかない（2013年の資料）

MANUKA HONEY

市場での販売量

キャリーオーバーというカラクリ

　また、「01 売られているはちみつは人工シロップが混ざっている」でお話ししたように、マヌカハニーに関しては、養蜂家が正真正銘のはちみつを渡したとしても、仲介業者が儲けるために人工シロップなどを混ぜて、水増しをしてしまうケースもあります。

　ところが、製品の原材料を見てもブドウ糖果糖液糖などが表示されていないはちみつがほとんどです。これには、「キャリーオーバー」といって、原材料に関する法律によって、添加物を混ぜてもその効果が製品に影響のない量なら使用した添加物の表示は免除されるというカラクリがあります。さらに本物のマヌカハニーだったとしても、抗菌性の高さを謳^{うた}うためにわざとメチルグリオキサールが添加されることもあります。加工して量を増やすためです。

　中国では、はちみつをまったく含まない酢と醤油を混ぜてはちみつに似た色をつくり、そこにトウモロコシからつくった人工シロップを混ぜた偽はちみつも「はちみつ」として売られています。

　そのような「はちみつがまったく入っていないはちみつ」を中国は日本に向けても売っています。安いスーパーなどで売られているものは、はちみつではなく「はちみつ風シロップ」かもしれません。

　本来のはちみつを食べ慣れてくると、人工シロップ入りのはちみつは自分の舌で瞬時に区別をつけることができるようになってきます。口の中に残った感覚が確実に違うことに気づくようになります。興味があれば、私がおすすめするはちみつと市販されているプラスチックのボトルに入れられた安価なはちみつを買ってきて、食べ比べてみてください。はちみつの素晴らしさを知ったあなたが、「健康にいいから」といって、間違って人工シロップ入りのはちみつを大量に食べてしてしまうことがないように願います。

5時限目 はちみつ業界の実態

5

5

02 はちみつにシロップを 混ぜる理由

人工シロップを混ぜる２つの理由

人工シロップを混ぜるケースとして、次の２つがあります。

❶はちみつの生産量を上げるために水増しに使われている場合
❷ミツバチの餌として人工シロップが投与されている場合

　❷の餌に人工シロップを投与する理由として、水増しを目的としていなくても花が咲かない寒期にはミツバチの餌が減ってしまうので、働きバチに人工シロップや砂糖水を餌として与えている養蜂場は、実際とても多いです。つまり、養蜂家の考え方次第で品質は大きく変わるということです。

　ミツバチが集めたはちみつを私たちが全部いただいてしまうと、当然ミツバチたちの餌はなくなってしまいます。するとミツバチは元気に冬を越すことができず、死滅してしまいます。そうならないために、私が知るある養蜂家は砂糖でつくった手づくりのジャムなどを餌としてあげています。それ自体に異論はありませんが、もしそのベリーに農薬がついていたり、殺虫剤や除草剤、放射能の害があったとしたら品質は大きく落ちてしまいます。そのあたりが本当に安心なのかどうかは、私がいつも懸念しているところです。

　つまり、ミツバチが集めた食料としての蜜であるはちみつを、私たち人間がそれら全部を取りあげるようなことがあってはならないのです。

03 シロップを与えられた ミツバチはどうなるのか

フルクトース比率が高くてもダメなはちみつ

　働きバチに餌として人工シロップ（ブドウ糖果糖液糖）を与えてしまうと、また別の問題も起こります。

　ミツバチは、人工シロップをうまく体内で代謝することができません。それゆえ、はちみつに人工シロップが残存するのです。

　ブドウ糖を活用できなくなっている現代人には、「フルクトースの比率が高いはちみつの摂取が大事」とお伝えしています。はちみつに人工シロップが残存することでフルクトースの割合が上がっているはちみつもありますが、そういったはちみつは本当におすすめできません。その見極めは舌で感じる官能検査ができなければ、専門機関に検査をお願いするほかありません。

人工シロップはハチの生命力を奪う

　また人工シロップは、ミツバチ自身のエネルギー代謝の経路をブロックしてしまうことがわかっています。寒い時期、花蜜の不足を補うためによかれと思って人工シロップを餌として与えると、結果的にハチの生命力を奪うことになり、ハチのコロニー[※]自体の弱体化やはちみつの収穫量の減少を招きかねません。

　日本ではミツバチの餌に、「特別にジュースを与えている」と脚光を浴びたことがありました。私はそのニュースを聞いたとき、ジュースの品質がとても心配でした。ジュースそのものがプラスチック製の箱に入れられていたり、濃縮還元のような加工されたものであれば、当然ミツバチたちは弱ってしまいます。そこから採れたはちみつを私自身は決して食べることはないですし、もちろんみなさんにお渡ししたいはちみつでもありません。

　一見よさそうに見えても、よく考えると落とし穴はたくさん潜んでいます。だからこそ、生産者をよく知ることが大切なのです。

※コロニー：同じ種類の生き物が形成する巣、集団。

04 生産者を知ることの大切さ

カザフスタンの養蜂のしくみ

　はちみつは実際に生産者と会って、彼らをよく知ることがとても大切です。私の実体験ですが、はちみつの事業をはじめて間もない頃、カザフスタンのはちみつが検査に引っかかってしまいました。私の取引相手の中では３番目に大きな会社でした。

　カザフスタンでは、はちみつの生産をしている養蜂家と、それをまとめている仲介業者（この人も養蜂家）がいます。たとえば同じエリアに養蜂家のＡさんの箱、Ｂさんの箱、Ｃさんの箱が置いてあり、その場所で採れたはちみつは、その一帯をまとめて仲介するＤさんと取引契約をする形態になっていました。そうすることである程度の量を確保できるのです。

　私は実際にカザフスタンを訪れた際、取引を考えていた養蜂家でもある仲介者が取りまとめる４つの養蜂家の中の、ひとつの養蜂家に直接会いに行きました。ロシア語はわかりませんでしたが、仲介人を連れて街から車で８時間以上移動し、山の中にある実際の養蜂場を訪れて養蜂を見学し、安心して取引ができると信頼することができました。

　ところが残念なことに、そのとき実際に訪問できなかった残りの３つの養蜂家のうち、どこかが何らかの薬剤や抗生剤を使っていたということで、それが４つの養蜂家のはちみつをまとめたものに混入してしまいました。それゆえ契約を打ち切らざるを得ない状況になったのです。

養蜂家たちの思いを知る

どんな視点ではちみつをつくっているのか

「養蜂家たちがどのような思いで養蜂をしているのか」「その意識の広さや深さがどれくらいのものなのか」ということを、私はいつも重要視しています。

たとえば、「世界規模で起きている環境問題をとても危惧している」ということや、「今、絶滅の危機にある種や生命体のことを心配して、自然破壊の問題に取り組んでいる」ということ、または「動植物との共生を大事にしている」など、これらの視点を持って活動されている養蜂家がいます。

もちろんそれは素晴らしい発想です。そういう養蜂家は、ミツバチがこの世界でできることとして、生命体が循環するためのポリネーター（花粉媒介者）の役割としてミツバチを捉えているのです。

たとえば、いちご畑の中にミツバチの巣箱を置き、そこでハチが飛び回ることで受粉の手助けがスムーズにいき、より多くの作物を収穫できるようにするわけです。

ただ、そこだけに注目していると、そこでミツバチがつくったはちみつがどんなもので構成されているのか、どんな花粉が集められているのか、どんな土壌にミツバチを放っていたのかといったことには目が向くことがなく、問題視されることもありません。

養蜂家側にそういった点にまで意識がないと感じた場合には、私はそこで採れるはちみつは食べるものとしてのはちみつではないと考えます。

「彼らは自然を大切にしていて、ミツバチたちを大切に飼っているから」という理由だけで、そのはちみつを食べようとするのはおすすめできません。安心材料としてはまだまだ足りないのです。

「ミツバチたちの元気がなくなったのは、畑に撒かれた農薬のせいだ。弱ったミツバチが病気にかからないように抗生剤を与えなければならない」と考える養蜂の世界においても、「現代社会の生活習慣であなたは病気になってしまいました。しかたがないので、これ以上症状で苦しまないように薬を飲まないといけません」と考える人間の世界と同じことが起こっています。

　現代では、人間が弱るのと同様にミツバチも弱っているのです。

　これは、どちらがいい悪いという問題ではなく、どの立ち位置から「ミツバチにとっていいこと」なのかを捉えているかの違いです。そしてそれが同様に「私たち消費者にとっていいこと」になるのか、それぞれの見解に違いがあるにすぎないのです。

私が取引をしている養蜂家

　私が実際に取引をしている養蜂家は、ミツバチのことも考えつつ「農作物としての植物」という見方ではなく、「自然そのものの植物たちの繁栄、繁殖」を考えたうえで、採れたはちみつを人間用にちょっと分けてもらう、そういう意識でいる人たちです。

　オーストラリアの取引先のある養蜂家は、ハチたちをポリネーターとして「貸し出し」しています。それがお金になるからです。彼らにも生活がありますから、経済的な問題を解決する手段としての巣箱の貸し出しをすることもあるということです。

　「残念だけど、ここ数年はビジネスが厳しくてポリネーターとしてのはちみつしか採れないから、ヨウコのところには出せないよ」と正直に言ってくれる養蜂家でもあります。

　コロナ騒ぎが収束してきた頃、「またクリーンなはちみつの採取ができそうだ」とメッセージが届きました。次のはちみつが届くのが楽しみです。

結局、あなた自身がどこまで
こだわりたいのかが大切

　グリホサート入りのはちみつだったとしても、それを気にしないバイヤーは世の中にたくさんいるので、はちみつの質などにこだわらず大量に生産する養蜂家もいます。

　一方で、私みたいな口うるさいバイヤーがいることがわかれば、その条件を満たしている場所で採れるはちみつもあるよと、提案してくれることもあります。

　このように消費者がどんな品質を求めているのかによって、はちみつのマーケットも左右されるのです。

　本来の、本物のはちみつを求める声が小さければ、私たちは、マーケットをより大きく操作しようとする側に負けてしまう、または知らないうちに騙されてしまうことになるのです。

　あなたが、自分の身体にどんなものを取り入れたいと思うのか、またはどんなものを入れたくないと思うのか、しっかり考え、品質を見極めて、消費者としての選ぶ権利を実行する意識でいることが、非常に大切だということを覚えておいてくださいね。

貴重なはちみつは
巣箱の管理が大変

養蜂は犯罪と隣りあわせ？

　養蜂というと、空気がきれいで自然がいっぱいのところに巣を置いて、大自然の恵みをいただく。そんな一見犯罪とは無縁のイメージがありますが、実はそうではありません。ライバルや、ときには組織化された犯罪グループによって巣箱ごと盗まれる事件が頻繁に起きているのです。

　盗まれないようにするために、山奥など人が簡単に行き来のできない場所に巣箱を持っていって、そこからはちみつを回収する養蜂家もいます。それはものすごく大変な作業になります。

　私はロシアで養蜂家を訪ねた際、その大変さを痛感しました。まず街から約6時間もかかる場所に車で移動し、そこからトラクターに乗り換えてさらに1時間以上走り、道がない山の奥深いところまで行きました。そこは周りに農地も何もない、本当に大自然の中の森でした。

　そこに置いてあった巣箱から巣蜜を取り出して、小さなトラクターに乗せて引っ張る作業は本当に大変なものでした。実際に現地を訪れたことで「あの巣箱1箱からいったい何グラムのはちみつが生産できるのだろう」と、はちみつの貴重さを改めて実感させられる経験となりました。

山奥にある
巣箱
（ロシア）

そんな貴重なはちみつも、昔は非常に安く買い叩かれていたのだと思います。養蜂家はそれゆえ資金投資もできずに、未だに手間のかかる作業を地道に手作業で行っています。はちみつを自分で扱うようになり、こんな風に大変な思いをして瓶詰めされたものが最終的に私たちの手元に届くということが、実感をもってわかるようになりました。

　カザフスタンでは5台の10トントラックを使い、毎日巣箱を移動させていました。夜に巣箱が盗まれることがあるらしく、巣箱があるところに見張り小屋を設置して必ず人を配置し、夜には巣箱を回収していました。そして翌朝には、花が最も多く咲く場所に巣箱をまた運んでいくのです。ひとつの山で丸ごと養蜂する許可を取り、その山の中で毎日巣箱を移動させながら養蜂をするという方法でした。

　このような実情は、実際に養蜂家と会って巣箱まで見に行かないと知りようがありません。ですから、私は現地に行って本当によかったと思っていますし、これからも世界中のはちみつを自分の足で探しに出かけようと思っています。

養蜂家と談笑。
ついついはちみつ
談義に花が咲く
（カザフスタン）

おすすめ！「はちみつの世界」を知れる映画

　2019年に公開された、「ハニーランド」というドキュメンタリー映画があります。もし機会があればぜひ観ていただきたいと思います。はちみつを岩場や木の上から持ってくるのがどれだけ大変なのか、人里離れた場所で生活するということがどういうことなのか垣間見ることができます。はちみつの大切さやはちみつ業界の実情、養蜂家が抱える問題なども描かれています。

MEMO

糖質制限の
危険性

RISK

　はちみつのことを詳しく知るうえで、「糖質制限」という健康
情報の危険性について理解しておきましょう。糖は、世間でいわ
れているような極端な制限をする必要のないものです。
　また、糖を摂ることで取り戻せる健康のサイクルや、オメガ3
を摂り続けることによる害について考えていきます。

01 糖質制限が身体にいい根拠なんてどこにもない

糖が悪いなんて誰が言い出したの？

　健康業界では、未だに「甘いものは身体によくないので糖質制限をしましょう」という見解が根強く語られています。

　「AGEs（糖質由来のゴミ）という糖の酸化物が、老化を促進したり、あらゆる病気のもとになる」という理論が、今や健康を語る世界では定説です。

　「糖が私たちの身体の血管のあちこちを詰まらせたり固めて萎縮させたりする」という論文や、「血管の詰まりを調べた結果、そこには実際に糖化が起きていてAGEsが多く見つかった」といったレポートがたくさん存在します。

　肌のアンチエイジングについての考察も、「AGEsによってシワやシミが増えますよ」と、雑誌の特集などでもよく目にしますね。

　ですが、その「AGEsがあった」とされる場に、それよりも先にALEs（脂質由来のゴミ）というタンパク質と脂質の酸化結合物質があったかどうかという視点で語られている論文や研究結果は見あたらないですし、肌につける化粧品原料の油の種類（不飽和脂肪酸なのか飽和脂肪酸なのか）についてはあまり論じられていません。

　つまり、これら多くの研究や論文で取りあげられている**疾患の原因が、実際にはAGEsとALEsのどちらなのかの検証はされていない**のです。

　「なぜここまで糖を悪者にしなくてはならなかったのか」「なぜタンパク質と脂質の酸化結合物質であるALEsという産物ゴミが見逃されてきたのか」、そして「なぜ、この20年もの間、市場ではALEsをつくりやすい不飽和脂肪酸（植物油脂、フィッシュオイル、ナッツオイル類など）の販売が推し進められてきたのか」

を考えると、さまざまな意図を感じざるを得ません。

そもそも市場に出回る不飽和脂肪酸は加工された油です。

自然療法的な選択とは？

現代医学から離れて自然療法の世界に入る人たちが、「薬を使わないならほかにどんな選択肢があるのか」といった視点で模索する場にも、密かな誘導があったのではないかと感じています。

実際に、私の知るこの30年の間、慢性的な病態や慢性皮膚炎などの症状は悪化をたどる一方です。もし投薬をやめて、もっと自然なアプローチがあるのではないかと考えるのなら、薬剤の代わりに同じ仕事をしてもらう「ほかのもの」を探すのではなく、私たち自身の身体の持つホメオスタシスという自己治癒能力を回復させることに意識を向けるべきではないでしょうか。

何が添加されているかわからないようなサプリメントや明らかに酸化しやすい油、また遺伝子組み換え作物を大量に一気に加工して抽出する油などを取り入れることは、自然療法的な選択とは考えにくいとは思いませんか？

ブドウ糖が体内で熱を生み出すしくみ

私たちの身体は、「糖」と「酸素」が一緒になって活動し、電子を回しながらエネルギーをつくっています。

細胞内のエネルギー生産工場であるミトコンドリアで、糖と酸素は、解糖系やTCAサイクル、そして電子伝達系というところを巡って、最終的に水と二酸化炭素とATPという私たちのエネルギー源（車にとってのガソリンのようなもの）を産出します（次頁図）。

簡単な説明になりますが、この流れがスムーズにいけば、ブドウ糖が細胞内に入り、TCAサイクルを回ってエネルギーが生まれ、熱が産出されるのです。その際、本来であれば、炎症のもとになるようなゴミが出ることはありません。

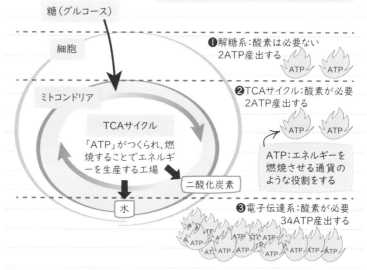

細胞内でのエネルギー代謝のプロセス

糖（グルコース）

細胞

❶解糖系：酸素は必要ない
2ATP産出する

ミトコンドリア

❷TCAサイクル：酸素が必要
2ATP産出する

TCAサイクル

「ATP」がつくられ、燃焼することでエネルギーを生産する工場

ATP：エネルギーを燃焼させる通貨のような役割をする

二酸化炭素

水

❸電子伝達系：酸素が必要
34ATP産出する

糖があれば温活もいらない

　昨今では「健康になるために温活をしよう！」とよくいわれていますが、本来身体を温めるから元気になるのではなく、細胞内で糖がしっかりと回ってエネルギーができれば、そこで熱も同時に生まれ、結果として身体が温まるというしくみなのです。**身体が温まるということは「自分でエネルギーを生み出している」と**いうことです。そもそも生命体が生きるためにはエネルギーが必要で、エネルギーを生産すればその場の反応によって同時に熱も放散します。**冷えているという状態は、つまりはエネルギーをたくさん生産できていない状態です。**

　エネルギーを生産し活力に溢れている人は、自己発電によって高い体温を維持しています。自分でエネルギーを生むためには、エネルギー源である糖が細胞内で活用されるという場が整っていなければ成り立ちません。温活についての詳細は、6時限目「12　温活は温めるだけではダメ」を参照してください。

02 糖尿病の犯人は PUFA（多価不飽和脂肪酸）

糖尿病＝糖が正しく使われていない

　糖尿病に関しても、一般的な医療現場ではやはり糖が悪いという視点で捉えられています。糖尿病とは、「エネルギー生産に使われるブドウ糖という材料はあるが、それが正しく使われる環境にない」状態のことです。こうして文章にすると、ここで悪いのは「ブドウ糖」自体ではなく、糖が使える状態ではない体内環境が問題であり、そこを改善すれば糖尿病は治癒していくということは一目瞭然です。

　しかし医療の現場では、一般的に「ブドウ糖が余っているからAGEsにならないように（糖化しないように）ブドウ糖を減らさなければならない」と認識されています。それによってほとんどの人が、「そうか、ブドウ糖が余っているから、これが糖化を起こして身体のあちこちの組織で障害が発生しているのだ」と考えてしまうのです。

　4時限目「04 メチルグリオキサール（MGO）とは何か？」で、糖化の産物（AGEs：糖質由来のゴミ）ができる環境では、AGEsが生じる以前に、その23倍のスピードで、すでに脂質とタンパク質の結合産物（ALEs：脂質由来のゴミ）ができていることをお話ししました。

　つまり、炎症や組織変性症状が出るのはALEsの生産スピードが恐ろしく速く、エネルギー代謝の力だけではそれらの炎症ゴミを処理するには追いつかないからです。

　糖尿病の人は、「糖尿病による血管の詰まりが見られます。血管障害があります。アテローム硬化症です。血圧も高いですよ」と言われることがあるかもしれませんが、血管の詰まりが大きな炎症となる状況は、AGEsによって起きているのではなく、脂質とタンパク質の問題であるALEsによる炎症が、結果として血管

109

の詰まりとなって生じていることを知っておきましょう。

　ALEs をつくる脂質は不飽和脂肪酸です。特に PUFA（多価不飽和脂肪酸）があるからこそ、そこに ALEs という脂質の終化産物（脂質由来のゴミ）ができ、結果として血管の詰まりが起こります。

　その際、AGEs（糖質由来のゴミ）も同時に少しずつできてきますが、ALEs による問題が起きているから、AGEs が存在するのです。

　これが私たちの身体で実際に起きていることです。

ブドウ糖がたくさん余るから 糖尿病になる？

　ブドウ糖がたくさん余っていて、結果として糖尿病になってしまうという見方は正しくありません。それは結果にすぎません。

　ブドウ糖の摂取を減らすのではなく、ブドウ糖が使われない環境になっていることが原因だと知ることが重要です。そもそも、ここてブドウ糖の細胞への取り込みや糖のエネルギー代謝の邪魔をしている犯人は、ほかならぬ PUFA（多価不飽和脂肪酸）なのです。

　次節てそのしくみを見ていきます。

03 糖尿病は糖のエネルギー代謝を正常に戻せばいい

PUFAが糖尿病の原因になる

　体内に PUFA（多価不飽和脂肪酸）がたくさん存在していると、ブドウ糖（グルコース）が細胞内へ取り込まれる動きが邪魔されます（下図）。

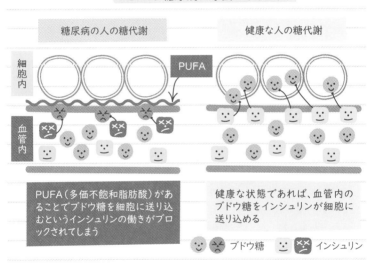

PUFAが糖尿病の原因になるしくみ

糖尿病の人の糖代謝　　　　　健康な人の糖代謝

細胞内　　　　　　　PUFA

血管内

PUFA（多価不飽和脂肪酸）があることでブドウ糖を細胞に送り込むというインシュリンの働きがブロックされてしまう

健康な状態であれば、血管内のブドウ糖をインシュリンが細胞に送り込める

ブドウ糖　　　インシュリン

　糖尿病という、ブドウ糖がエネルギー生産に使われない（ブロックがかかっている）状態において、ブドウ糖の代わりに働いてエネルギーを生産してくれるのが果糖です。
　またエネルギー代謝の回路で必要な酵素反応のプロセスでも、不飽和脂肪酸によって邪魔される部分があるのですが、果糖は不飽和脂肪酸が邪魔できないように助けてくれます（次頁図）。

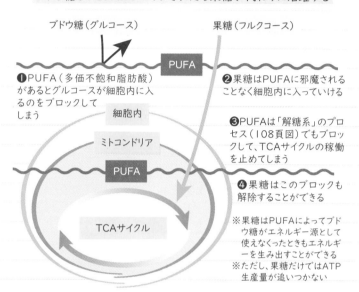

ブドウ糖がPUFAにブロックされたら果糖が代わりに活躍する

ブドウ糖（グルコース）　　　果糖（フルクロース）

PUFA

❶PUFA（多価不飽和脂肪酸）
があるとグルコースが細胞内に入
るのをブロックして
しまう

細胞内

ミトコンドリア

PUFA

TCAサイクル

❷果糖はPUFAに邪魔される
ことなく細胞内に入っていける

❸PUFAは「解糖系」のプロ
セス（108頁図）でもブロッ
クして、TCAサイクルの稼働
を止めてしまう

❹果糖はこのブロックも
解除することができる

※果糖はPUFAによってブド
　ウ糖がエネルギー源として
　使えなくったときもエネル
　ギーを生み出すことができる
※ただし、果糖だけではATP
　生産量が追いつかない

果糖が代わりに働いても、
最終的にブドウ糖の活躍が必要

　では、ブドウ糖がなくても果糖だけあれば安心なのかというと、
そうではありません。**果糖だけではブドウ糖ほどの量のATP生**
産ができないので（エネルギー生産が非効率）、最終的には、や
はりブドウ糖が使われる場を取り戻さなくてはなりません。本来、
果糖とブドウ糖が一緒に活躍することによってエネルギーの大量
生産ができるしくみになっています。

　糖尿病もはちみつで改善するのは、この果糖とブドウ糖のコン
ビネーションの効果によるものです。ブドウ糖がしっかり使えな
い状態なら、果糖がサポーターとして働きます。「私（果糖）は
不飽和脂肪酸の邪魔に巻き込まれないので、とりあえず中に入っ
て先にATPをつくります」という役目を担ってくれるのです。

糖のエネルギー代謝を正しく理解する

　果糖が先に仕事をしている間に、全体のエネルギー量が少しずつ増えてくれば、ブドウ糖によるエネルギー生産も徐々にスムーズに回りはじめ、正常な糖のエネルギー代謝に戻すことができるのです。

　ここからが本当に大切な代謝の話です。

　世の中では代謝の一部分だけを切り取ってきて、「ここをどうすればいいのか？」といった視点でものを眺めがちです。

　ここで正しい糖代謝についてまとめると、下図のようになります。

正常な糖の代謝に戻すために必要なこと

ブドウ糖が余っているという状態

PUFA（多価不飽和脂肪酸）があることが原因でブドウ糖が使われないという状態が起こる

この状態を回避するには

◎ PUFAを減らすこと

✕ 糖を減らすことではない

○ まずはブドウ糖が使われるように果糖（フルクトース）を投入するということが大切

　理屈として上図を理解できても、一般的にブドウ糖の状態を数値で測ると、人はどうしても「基準値」というものに意識が囚われてしまいます。血糖値だけを見て「ブドウ糖が余っている」「ブドウ糖が過剰だ」といわれれば、不安になるわけです。

　そして「平均的なこの数値を目指しましょう」とアドバイスされ、不必要な「糖質制限」「食事制限」がはじまるのです。

　心配しなくても「糖」の代謝が戻れば脂肪酸の流出も落ち着き、糖尿病をはじめ、ほかの不快な症状も勝手に消えていきます。

ストレスを感じたときに
身体の中で起きること

ストレスに対処するにはエネルギーを使う

　私たちは日頃から、心理的そして物理的ストレスを抱え、環境からも多くのストレスを受けて生きています。日常生活を普通に生きていく基礎的なエネルギーだけではなく、ストレスに対処するエネルギーも常に必要です。

　人間の身体はストレスを感じるとアドレナリンというストレスホルモンを出して対処します。アドレナリンは、「今、目の前のストレスに対応する分のエネルギーを確保せよ！」というシグナルです。そこで、身体はエネルギー源であるブドウ糖を確保するために、血中の血糖値を上げます。ところが、ブドウ糖を瞬時に確保するには、ある程度限界があります。なぜなら筋肉（特に太ももの筋肉）や肝臓に蓄えられるブドウ糖の量には限界があるからです。もし日頃から糖を摂らないようにしているなら、なおさら備蓄されている糖は少ないです。もし十分な量の糖が貯蔵できていなければ、急なストレスがかかったとき、アドレナリンを分泌しても糖が足りないという事態に陥ります（下図）。

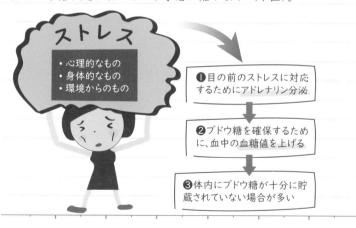

ストレス
・心理的なもの
・身体的なもの
・環境からのもの

❶目の前のストレスに対応するためにアドレナリン分泌

❷ブドウ糖を確保するために、血中の血糖値を上げる

❸体内にブドウ糖が十分に貯蔵されていない場合が多い

糖の代わりになるのが脂質とタンパク質

身体が、「目の前のストレスに対応するのに必要な糖を回収できない」と判断したら、糖ではないエネルギー源を使って、ストレスに対応するためのエネルギーをつくり出さなくてはなりません。

そこで糖の代わりになるエネルギー源が「脂質」と「タンパク質」です。つまり、身体のあちこちを壊して糖の代わりとなるエネルギー源を確保することになるのです。

私たちの身体はとてもうまくできています。糖を過剰に摂ると、まず肝臓や太ももなどの筋肉に貯蔵されます。それでも余った場合には、中性脂肪という飽和脂肪酸の形で脂肪になります。

中性脂肪には次の2種類があります。

❶ 糖が余ってできる飽和脂肪酸の中性脂肪
❷ 不飽和脂肪酸が余ってできる中性脂肪

この2種類は性質がまったく異なります。私たちの身体のあちこちにそのどちらかの要素でできた脂質が貯蓄されています。また、中性脂肪は身体の各所の構成要素でもあります。

ストレスに見舞われ、「ストレスです！　アドレナリンを出しました！　糖を肝臓から持ってきました！　筋肉の糖も使い切りました！　それでもまだ足りません！」という状態になれば、次は副腎からコルチゾールというホルモンが出て、「エネルギー源を確保するために脂肪とタンパク質を溶かしましょう」という指令を出します（次頁上図）。

ここで身体は中性脂肪を溶かして（分解）、まずはグリセリンをグリセロールの形にして、ブドウ糖を確保します。

中性脂肪は、英語では Triacylglyceride（トリグリセリド）といいます。Tri- とは"3つの"という意味で、糖とアルコールが結合したグリセリンという物質に「3つ」の脂肪酸がくっついているものです（次頁下図）。

ブドウ糖を十分に確保できなかった場合の身体のしくみ

前々頁の図の❸から続き

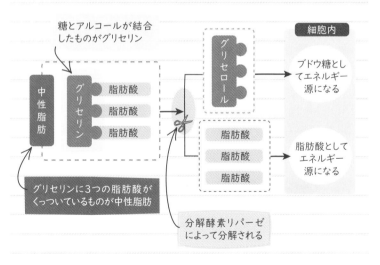

❸体内にブドウ糖が十分に貯蔵されていない場合が多い

❹副腎皮質からコルチゾールが分泌される

❺コルチゾールから次のような指令が出る

コルチゾール
副腎皮質

| 中性脂肪を分解してさらなる糖（＋脂肪）の確保 | 脂肪を分解してエネルギー源に | タンパク質を分解してアミノ酸をエネルギー源に |

中性脂肪が体内で使われるまでのプロセス

糖とアルコールが結合したものがグリセリン

中性脂肪

グリセリン — 脂肪酸 / 脂肪酸 / 脂肪酸

グリセリンに3つの脂肪酸がくっついているものが中性脂肪

分解酵素リパーゼによって分解される

細胞内

グリセロール → ブドウ糖としてエネルギー源になる

脂肪酸 / 脂肪酸 / 脂肪酸 → 脂肪酸としてエネルギー源になる

　この中性脂肪を構成する脂肪酸に、「飽和脂肪酸」と「不飽和脂肪酸」があるのです（下図、70〜71頁図）。

　世間一般では肥満はよくないといわれますが、それは、その脂肪の多くが不飽和脂肪酸で構成されている場合のことです。

　先ほどお話ししたとおり、糖がエネルギー源として使われずに体内で余った場合にも、中性脂肪として蓄積されます。この場合の中性脂肪はグリセリンに飽和脂肪酸が3つついた形になります。糖からできた飽和脂肪酸によって構成される中性脂肪は、身体に悪さはしません。

脂肪酸には飽和脂肪酸と不飽和脂肪酸がある

※71頁の図と重複しますが、大切なところなのでまとめ直しています。

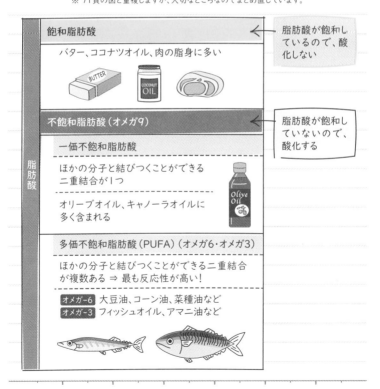

飽和脂肪酸

バター、ココナツオイル、肉の脂身に多い

← 脂肪酸が飽和しているので、酸化しない

不飽和脂肪酸（オメガ9）

← 脂肪酸が飽和していないので、酸化する

一価不飽和脂肪酸

ほかの分子と結びつくことができる二重結合が1つ

オリーブオイル、キャノーラオイルに多く含まれる

多価不飽和脂肪酸（PUFA）（オメガ6・オメガ3）

ほかの分子と結びつくことができる二重結合が複数ある ⇒ 最も反応性が高い！

オメガ-6　大豆油、コーン油、菜種油など
オメガ-3　フィッシュオイル、アマニ油など

脂肪酸

糖質制限ダイエットの恐ろしさ

　もともと糖が足りていない人が糖質制限をしてダイエットをすると、非常に痩せやすいです。ストレス対応用に貯蓄されている中性脂肪は不飽和脂肪酸でもつくられていて、量も少ないので身体の脂肪はどんどん溶かされてエネルギー源になっていきます。これが「ケトーシス」といわれる状態です。

糖質制限ダイエットをしている人の危険な流れ

備蓄されている糖が少ないからエネルギー源が足りない

コルチゾールによって脂肪を溶かす

体中を壊す危険な痩せ方をしていく（ケトーシス！）

　このように、1度脂質を使ってエネルギーをつくる方法を3カ月ほど実践し続ければ、脂質を優先的に使う回路が形成され、糖があったとしてもそれを使わず、身体は脂質をメインにしてエネルギー源を捻出しようとします。同時に身体のあちこちからタンパク質を引き抜きはじめます。たとえば、骨からはコラーゲンが流出し、カルシウムも溶け出します。これが骨や歯がもろくなる原因です。そのようにして、肉体は少しずつ破壊されていきます。こうなると、**ブドウ糖は使われず、エネルギーをつくる健全な場がどんどん失われ、グッタリして元気がないという状態になって**しまうのです。

　あなたが糖質制限をして「痩せてうれしい！」と思っている状態というのは、実は糖が足りなくてより自分の身体をどんどん壊して必要なエネルギーを引き抜きつつ、節約モードで材料を確保しているという身体の生き残り作戦の結果です。エネルギーを消耗してエネルギーを確保するという、悪循環が起きているのです。

糖質制限を続けると慢性疲労状態に陥る

　次に身体は、これ以上エネルギー源を確保するための組織破壊が起こらないように、「この身体にはエネルギーが足りないのだから身体を動かせないように（なるべくエネルギーを使わせないように）しよう」という節約モードになり、全体的に必要な基礎代謝のエネルギー量をどんどん減らしていきます。つまり省エネモードの状態です。ここまでくると、身体は活発に動かないので、いつも疲れやすくて元気がないという、慢性疲労状態となります。

ストレスに悩まない身体のつくり方

　ストレスは万病のもとといわれますが、これは本当です。いつも元気にすごしたければ、1番いいのはストレスを日頃からあまり溜めないことです。とはいってもストレスをまったく抱えずに生活していくのは無理なので、ストレスを感じたときに、それに対応できるだけのエネルギーを生み出す糖を日々しっかりと補充していくことが重要です。

　また、肝機能を元気に保ち、体幹や太ももといった部分に、十分に糖を蓄えられる筋肉を持つということも、とても大切になってきます。私がいつも「姿勢に気をつけてね」「スクワットしてね」とお伝えしているのは、姿勢を整えてきちんと呼吸をするだけで体幹の筋肉は少しずつでも強化できるからです。また、スクワットをすることによって、お尻や太ももという部分に筋肉ができて、糖を確保しておく倉庫を増やし、エネルギー工場を増やすことができるのです。

　このエネルギー生産工場をつくりながら、同時にそこに貯蔵するための糖をきちんと摂取しておくということが、糖のエネルギー代謝を回すために非常に重要なことです。こうすることで、身体を壊さずに、骨や歯を溶かすこともなく、中性脂肪をむやみに溶かして血中に放出することもなく、毎日のエネルギーをやりくりしていくことが可能になるのです。

05 PUFA（多価不飽和脂肪酸）と慢性疲労

あなたは本当に健康的な食べ方をしていますか

　あなたが身体にいいと思って実践してきたことは何ですか？と聞かれたら、「フィッシュオイルなどのサプリメントを長期的に摂取してきました。日頃の食事では、動物性の脂は避け、植物性の油を中心に摂取しています。野菜を心がけてたくさん食べていて、お肉料理よりもお魚料理が好きです。糖は身体に悪いので避けています」と、答える人がたくさんいると思います。

　しかしこの食べ方を続けると、身体によかれと思ってやってきたにもかかわらず、「エネルギー満タンでいつでも動けます！」という状態とは正反対の、慢性エネルギー不足に陥ることになります。

　なぜかというと、まずここまでお話ししてきたように、血中に不飽和脂肪酸があることによって、ブドウ糖がエネルギー源として使われない環境がつくり出されます。それに加え、ALEs（脂質由来のゴミ）が身体の中のあちこちにできることによって慢性炎症が起こりやすい状態になるので、もともとエネルギーが少ないのに、基礎代謝だけでなく炎症にもエネルギーが消費されてしまいます。これでは日常生活を送るためのエネルギーまで追いつかず、すぐに疲れてしまう慢性疲労状態になってしまいます。

　さらに、PUFA（多価不飽和脂肪酸）はほかの物質とくっつきやすい分子構造を持っています。たとえば血中に入ってきたさまざまなゴミと結合していきながら、それ自体が活性酸素を発生させ、大きな塊になって身体中の結合組織の部分に溜まったり、血管を詰まらせたりしてしまうのです（次頁図）。

PUFA（多価飽和脂肪酸）が存在することで、身体中がゴミだらけになる

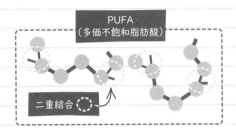

PUFA（多価不飽和脂肪酸）には二重結合が複数ある。

二重結合はほかの分子と簡単に結合することができる

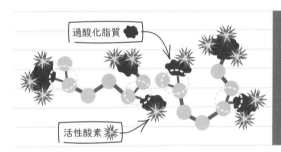

血中にあるゴミと結合した脂肪酸は、『過酸化脂質』になる。

過酸化脂質はそれ自体が身体にとってゴミであり、さらに活性酸素を発生させる

活性酸素も反応性が高く、さらに血中のゴミや過酸化脂質とくっつく。

このようにPUFA（多価不飽和脂肪酸）があることで過酸化脂質というゴミが雪だるま式に大きくなっていく

※ 図は化学構造を表したものではなくイメージです。

06

エネルギー代謝に糖だけを使っていたら太りやすい？

ALEs（脂質由来のゴミ）をつくらずに中性脂肪を自然に代謝できる

　「脂肪を使わず、糖でエネルギー代謝を回すのであれば、身体についた中性脂肪はいつまでも代謝されずに残ったままなのか？」「痩せられないのでは？」という心配が出てくるかもしれませんが、そういった心配は無用です。ある程度筋肉がついてきて、全体の糖のエネルギー生産量が増えてくると、肝臓も元気になります。肝臓のキャパが増えてくると、身体は自然と無駄な脂質などを代謝していきます。身体は不必要な量と処理できる分のバランスを自動的に計算し、代謝すべき分の中性脂肪をチョキンと切ってグリセロール（糖）と脂肪酸に分解して代謝・活用し（116頁下図参照）、最後には肝臓を使って体外に排出していくのです。

　この場合、ALEs（脂質由来のゴミ）をつくり炎症させて燃やすことはありません。炎症ゴミがあっても、それが身体の機能の邪魔をする前に分解・代謝されてしまえば問題ないわけです。

ALEsができてしまう原因

　逆に、血中にALEsなどの炎症ゴミがいつまでも代謝されずに漂っている理由は、次の2つです。

> ❶エネルギー源である糖が足りない状態が持続していること
> ❷同時に多価不飽和脂肪酸を代謝分解するエネルギーがないこと

　そして、同時に粘膜のバリア機能が弱っているような状態（リーキーガット）が起きていれば、外から入ってくる食べ物や大気汚染のゴミなど、本来なら粘膜を通過できないはずの異物も血中に入り、脂質とくっついてゴミになります。これが、ALEsという詰まりの原因物質をさらにつくることになるのです。

07 糖を摂りはじめると変化が起きる

糖を摂りはじめると半年で元気になる！

　糖の摂取を真剣に実践しだすと、最初の半年くらいで、元気で活動的になります。今までまったく足りていなかった糖が急に入ってくるので、身体が「これで糖不足を心配しなくても大丈夫」と判断し、身体を元気に動かすエネルギーが徐々に回りはじめます。

　エネルギー量がだんだん増えてくると、体内のゴミ掃除も日常的にスムーズにできるようになっていきます。そうやってエネルギーが回りはじめてさらに半年ぐらいすると、エネルギーに余裕が出てきて、やっと身体は全体の調整を開始します。今まではエネルギー不足でできていなかったいろいろな仕事（身体の中の不具合の修復やゴミ処理など）に着手するようになります。

　ここに至るまでのスピードは、子どもと大人で大きく違います。子どもであれば、糖の摂取後約半年から1年くらいです。大人であれば、現代人は甲状腺がとても弱っている人が多いので、だいたい1年半ぐらいかかります。過去の食生活の状態や薬の服用歴によっても変わってきます。

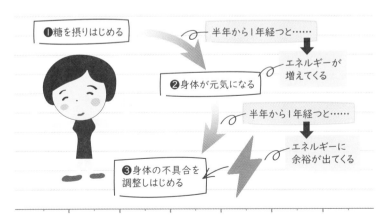

❶糖を摂りはじめる

半年から1年経つと……

エネルギーが増えてくる

❷身体が元気になる

半年から1年経つと……

エネルギーに余裕が出てくる

❸身体の不具合を調整しはじめる

いずれは炎症を起こさずに　ゴミ処理できるようになる

　このように、安定した糖摂取をはじめてから1年から1年半ぐらい経つと、やっとエネルギーが毎日の代謝に追いつき、今まで溜めてきたゴミの大掛かりな掃除がはじまります。「過去にしてきたこと」によって溜まっていたものを、新しくできたエネルギーを使って処理していくのです。その際、炎症という形でゴミ掃除が起こりますが、このゴミ掃除を決して怖がらないでください。

　そのままエネルギーが大きく回るところまできてしまえば、炎症という形での大きなゴミ掃除は一気に収まり、あとは日々の代謝で対処できるようになります。つまり、「代謝」で処理できれば、「炎症」を起こさなくてすむのです。ゴミ掃除は炎症を起こすことでしかできないわけではないということも、知っておきましょう。

　抑え込む形（＝免疫抑制）ではないゴミ処理には、必ず終わりがあります。これまでの、炎症を抑制するという形での「抗炎症」という概念を見直すときがきたのです。そのままでは、ゴミは溜まる一方です。**一時的な抗炎症の作用に喜び、本来の代謝デトックス機能を見失わないことが大切です。**

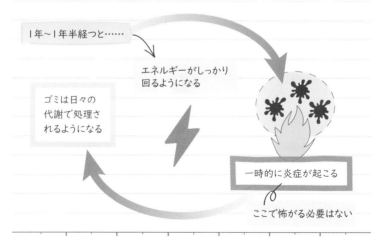

1年〜1年半経つと……

エネルギーがしっかり
回るようになる

ゴミは日々の
代謝で処理さ
れるようになる

一時的に炎症が起こる

ここで怖がる必要はない

08 エネルギーが足りないと病気になりやすい

エネルギーが足りている状態と不足している状態

　エネルギーができてくると、新しい細胞を誕生させ、古い細胞を壊していくといった、循環のスピードも健全なものに変わります。

　エネルギーがなければ、新しい細胞を生むという力が弱く、新生細胞が大きく成長するスピードも遅くなります。身体は必要のないものや部分を壊して代謝していくものですが、「壊れていく力（壊していく力）さえ残っていない」というような状態の人が、現代人にはたくさんいます。

　そうすると、その細胞は壊れることすらできないまま、その場所に留まり続け、そして、もしその細胞がダメージを受けたりすると、ダメージを受けている部分は活性酸素を発生させ、さらに大きくなっていき、より破壊力のある組織になったり、血管の詰まりや腫瘍などに進行していきます。

エネルギーが足りないと病態に移行しやすい

　このように、本来ならば代謝されてしまうはずの不要な組織が、エネルギー不足によってうまく代謝されずに生じる病態は、今や現代病としてさまざまな形での疾患となっています。

　特に血中や組織内の酸化しやすいPUFA（多価不飽和脂肪酸）は、アミノ酸や重金属などさまざまなものと結びついて細胞の変性や組織萎縮を生じさせます。リウマチ、SLE※、動脈硬化、卵管の詰まり、子宮内膜の筋腫、卵巣の機能障害など、原因はここにあります。

※ SLE：全身性エリテマトーデス（膠原病の一種）。

125

09 オメガ3を摂っても本当の治癒にはならない

オメガ3は炎症を抑えてくれる？

　炎症のある人で、オメガ3（青魚やアマニ油に多く含まれる）をサプリメントや食用加工油の形で摂取していたことがある人は、摂取しはじめた当初に「炎症が出なくなった！」と喜んだことがあるかもしれません。しかしそれはただ炎症を抑えているだけにすぎません。**オメガ3を使い続けていくと、PUFA（多価不飽和脂肪酸）を身体のあちこちに溜め込んだままという状態が続きます。**

オメガ3を摂り続けると健康から遠ざかる

　PUFA（多価不飽和脂肪酸）は、甲状腺の機能を落とすことで身体全体のエネルギーを落とします。これは、免疫抑制という形で炎症を抑える働きをするものです。つまり**免疫細胞たちの働く力を奪い、ゴミ処理のために起こる炎症すら起こせないという状態を生み出します。**

　PUFA（多価不飽和脂肪酸）を溜め込んだ期間が長ければ長いほど、免疫抑制の身体の状態をつくり替えるには長い時間がかかります。つまり**オメガ3を摂り続けることで、免疫抑制をすればするほど、エネルギーに満ちた健全な身体と健全な循環という本当の意味での健康から、ドンドン遠ざかってしまうのです。**

　ここを認識することは非常に大切です。現代の慢性疾患を考えたときに、「症状が出ない」ということだけを目指してこの事実を無視しているうちは、その疾患が再発しないという「本当の治癒」にはたどり着けないということです。

10 「本当の健康」を手に入れるにはどうしたらいいのか

はちみつで「本当の健康」を手に入れる

それでは、どうしたら本当の健康を手に入れることができるのか、その答えはやはり「はちみつ」「糖」にあるのです。

身体の基本に戻ってみましょう。私たちの身体は、エネルギーで動いていて、そのエネルギーは食べるものからつくられています。「三大栄養素」である「糖質」「タンパク質」「脂質」の3つの栄養素を、私たちの身体はエネルギー源として使うことができるのです（下図）。

この3つの中で、糖質は、摂取してから最短でエネルギーに変えることのできるエネルギー源として、体内で最も多く利用されます。エネルギー変換に無駄のない、いわば、余計な煙（ゴミ）が出ないエネルギー生産といったところです。

三大栄養素

| 糖質 | 脂質 | タンパク質 |

身体が最も優先して使うエネルギー源

糖が不足しているときのバックアップとしてエネルギーをつくることもできる

身体が「糖質」を優先的に使う理由

そもそも脳などの一部の臓器は、糖によってしかエネルギーが生産できない仕様になっています。脳、つまり私たちの指令を司るところが働かなければ、身体は生き延びるという選択をすることができなくなります。身体を生き延びさせるには、脳を死なせてはなりません。それゆえ、「糖」という最も効率的にエネルギーを生産できるエネルギー源は、脳で優先的に使われます。

そして糖がミトコンドリア内でエネルギー代謝された場合は、身体にとってゴミとなるような副産物をつくらないということがポイントです（もう一度108頁の図を見てください）。下図にあるように、糖以外のエネルギー源を使うと、**身体のゴミ**となるような代謝副産物も発生してしまいます。

エネルギー源	代謝経路	代謝物と身体への影響
糖	解糖系	乳酸が発生する。乳酸は、糖がミトコンドリアで、最大のエネルギー量を生産するのをブロックする
	ミトコンドリア系	「最大のATP産生」+「二酸化炭素」が発生する
脂肪酸（脂質）	ミトコンドリア系	リポリシス※により、血中に遊離脂肪酸が放出される。現代人の多くは、その脂肪酸がPUFA（多価不飽和脂肪酸）なので、**過酸化脂質（ゴミ）の材料**となる
アミノ酸（タンパク質）	ミトコンドリア系	**アンモニアが発生**する。アンモニアは、特に脳にとって毒でありストレス反応を引き起こす

　それゆえ、身体は糖を優先的にエネルギー源として使います。そして糖が十分にない場合は、必要な分のエネルギーを生み出すためのバックアップとして、中性脂肪を溶かして脂質を使ったり、身体を構成している組織のあちこちからタンパク質を引っ張り出してエネルギー源とします。この「糖以外のエネルギー源を確保せよ」というシグナルが、コルチゾールです（116頁図参照）。これが、みなさんもよくご存知の「**ステロイド**」のしくみです。

　繰り返しになりますが、はちみつに含まれる糖は、あらかじめミツバチによってブドウ糖（グルコース）と果糖（フルクトース）という単糖に分解されています。私たちがはちみつを食べると、それ以上消化・分解というプロセスを経ずに、すぐにエネルギー源として利用することができます。そして、**糖は三大栄養素の中で、最も効率的かつクリーンにエネルギーを生産できる材料**です。はちみつがなぜエネルギー源として最も良質だといえるのか、その答えはまさにここにあるのです。

※リポリシス：脂肪の分解。

11 黒糖や砂糖、フルーツは糖補給として有効なの？

黒糖や砂糖はショ糖だから分解が必要になる

　天然の糖には、はちみつ以外にも黒糖やフルーツなどがあります。黒糖は二糖類に分類されるショ糖です。ショ糖は、まず単糖に分解されて、はじめてエネルギー源として利用できます。その効率のよさは、単糖そのものであるはちみつにはおよびません。

フルーツは消化・分解が必要になる

　甘いフルーツには果糖がたっぷり含まれています。果糖が多い条件としては、甘く熟れているということがポイントです。またドライフルーツにすると、糖度はさらに上がります。

　フルーツも非常に上質なエネルギー源ですが、固形物なので果糖が腸壁に吸収されるのに消化・分解される必要があります。つまり、その分のエネルギーが別に必要となるのです。

　消化のエネルギー消耗を最小限にするには、フルーツはドロドロに熟れているものを食べるのがおすすめです。私はブレンダーなどでジュースにしてから、大さじ1杯程度のはちみつを混ぜて飲んでいます。

　ドライフルーツは食べる前にぬるま湯に少し※浸しておくといいでしょう。

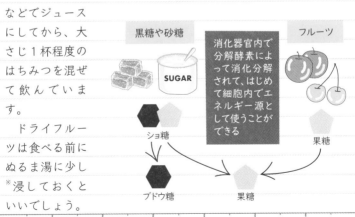

黒糖や砂糖

SUGAR

ショ糖

ブドウ糖

消化器官内で分解酵素によって消化分解されて、はじめて細胞内でエネルギー源として使うことができる

フルーツ

果糖

果糖

※少し：数十分～半日。戻した湯は捨てること。

12 温活は温めるだけではダメ

炎症によって起きている温かさって何？

私は長年たくさんのアトピー患者を診てきました。

「なぜアトピーがいつまでも治らないのか」。この20年以上、健康情報も人々に浸透し、食事療法どおりに食べ方にも十分に気をつけている患者たちがなぜ完治しないのか。ステロイドをやめ、オメガ3を使い続けて、なぜアトピーが収束しないのか。そしてアトピー患者の体温が、なぜ冷たいままなのか。または、温かくなってきたとしても、その「温かさ」が私の考えるものと少し種類が違うのはなぜか。それら一つひとつの疑問に向きあってきました。

PUFA（多価不飽和脂肪酸：オメガ3）は、体内でエネルギーを抑制したあと、徐々に酸化されて炎症を起こし、症状を長引かせます。ここを理解して、やっと多くの疑問が払拭されました。

「何か違う」と感じていたその温かさは、健康が改善されたことによる体温の回復ではなく、身体全体で炎症が起きていることからくる熱さだったのです。エネルギーを生む熱さと、炎症でエネルギーを消耗する熱さとは、まったく違うものです。

糖を分解して小さくばらしていくようなときには、もともと大きなものに含まれていたエネルギーが放出されるので、私たちの細胞はそこからエネルギーを得ます。これが、糖のエネルギー代謝から生まれる熱の発生、つまり健全な体温の上昇プロセスです。

一方で、身体のある部位、もしくは全身で、過酸化脂質であるALEs（脂質由来のゴミ）が固まっていくときには、周りのエネルギーを奪って炎症状態を構築していきます。そこには、周りの熱を奪って塊をつくっていく力が生まれます。年中、手先が冷えている、冷え性に悩んでいるといった症状を抱える人は、身体がこの炎症状態にあります。

　ここでは熱を奪いながら冷やして固まり、その後、そこから活性酸素が発生し、その周りで炎症が起こるという状態が起き、熱が発生します。これが炎症状態による体温の上昇です。

　代謝の力で塊ができ、そこで原因となった炎症によって熱が生み出されているのですが、ここで放出される熱は私たちにとってはうれしい熱ではありません。ただの消耗でしかないのです。

健康的な体温上昇

糖のエネルギー代謝が回っている

グルコースがミトコンドリア内でTCA回路を回してエネルギー生産ができている（熱の放散）

不健康的な体温上昇

PUFAがきっかけとなり体内にたくさんのALEs（脂質由来のゴミ）が溜まっていく。常にPUFAが血中にあると、ALEs（過酸化脂質：ゴミ）は雪だるま式に増えていく

身体はゴミである過酸化脂質を代謝分解しようとし、炎症を起こす（慢性炎症の熱）

※121頁図参照。

どうしたら身体は本当の意味で温まるのか

　私たちが健康であるためには、体温を高く維持できていなければなりません。そのために何か特別なことをするのではなく、糖をきちんと摂取してエネルギー代謝を増やすことによって体温を上げていくという、結局、こうした根本的なことから実践していくしかないのです。

　さまざまな温活グッズがありますが、外から身体を温めているだけでは冷え性を根本から改善することはできません。もちろん自分で体温を上げることができないうちは、対症療法としてその部分を温めることは有効です。人が生きるために生体反応を起こす場が温かいということは、酵素反応が効果的に起こるためにも必要だからです。「腹巻をしていれば大丈夫」「このハーブで温まりましょう」という考えのままでいるのではなく、ここで大切なのは、最終的には、それらさえ必要のない身体になっていくことが可能なのだと知ることです。

MEMO

MEMO

安心できる
はちみつの条件

CRITERIA

　ここでは、「安心できるはちみつ」を手に入れるために、私が
何に注意しているのか、どういったところを見ているのかという
こだわりポイントをお伝えしたいと思います。
　また、「安心できるはちみつの条件」もまとめておきました。

私がはちみつ選びで
心がけていること

どんなはちみつでも安心 というわけではない

さてここまで、はちみつのすごさを「糖」という観点からお話ししてきました。しかし、はちみつが健康にいいからといって「どんなはちみつでもいい」というわけではありません。

はちみつは、ハチがどんな環境から蜜を集めてくるのかがとても大切です。どこに巣箱があるのかで質が決まるといっても過言ではありません。

養蜂家の理念を確認するところから はじめる

私は、新しいはちみつをインターネットなどで見つけたり、紹介していただいたときに、必ず確認していることがあります。

---

❶ その養蜂家が、どのような理念でハチやはちみつを扱っているのか
❷ 餌をあげているのか
❸ 薬物投与はあるのか
❹ 巣箱の置き方、その環境

......など

上記の質問に、的確に答えてくれたところのものしか取引の話は進めません。私の質問がその会社にとって都合の悪いものだった場合は、途中から返事が返ってこなくなることも多々あります。

きちんと返事をいただけた場合には、実際に現地を訪問して養蜂家と会い、巣箱が置かれている場所を確認したうえで、最終的にはちみつをヨーロッパの検査機関に出してテストをします。輸入に必要なテスト項目もあり、通関でも検査はありますが、日本

のポジティブ基準は私からすると非常に甘いものなので、自分で
納得のいく項目と基準値レベルで別に試験に出しています。検査
結果が満足なものである場合、次の4項目に対するこちらの基
準を誠実に守っていただくことを条件に、養蜂家と取引の契約を
します。

❶ 土地と植物の環境
❷ 採蜜の方法
❸ 瓶詰めまでの方法
❹ 検査結果の品質の維持

　もちろん、こちらも年単位で一定量購入することをお約束する
ので、養蜂家の人たちからすれば供給先が安定します。私は上質
な美味しいはちみつを確保し、みなさんにお渡しできますし、そ
うしたWin-Winの関係を築くのが私の信条です。

養蜂家が理念を持って　　　　事業ができるようにしていく

　このような関係が持てた養蜂家とは、長い時間をかけていい関
係性を築いていきたいと思っています。
　世界中には、さまざまな規模の養蜂家がいます。設備投資がで
きない規模の養蜂家だと手作業が多くなり、当然効率が悪くなり
ます。会社の規模によって最適に管理できる巣箱の数もおおよそ
決まっているので、もし巣箱をもっと増やしたいと思っていたと
してもむやみに増やすことはできません。そんな中で、天気が悪
いと蜜が採れないということも日常的に起こり得るのが養蜂の世
界です。
　私はこういった養蜂家の事情も考慮しながら、それぞれの養蜂
家が理念を守って事業を継続していけるように取引したいと考え
ています。供給量が絶対的ではないことは、理解したうえでの取
引なのです。

137

02 都会の中における養蜂

ミツバチを都会で飼うという違和感

最近では、街の中でも養蜂が行われていますね。

「都市養蜂」という言葉をよく耳にします。ビルの屋上にあるスペースなどで行う養蜂です。「ミツバチプロジェクト」と称した、都市における自然環境との共生を目指したプロジェクトだそうですが、私はなんとなく違和感を感じてしまいます。

共生を目指すということは大事なことですし、それが植物の受粉のためのものならばまだ理解できます。しかし、そもそもミツバチは都会という環境の中で元気に生きていけるのでしょうか。そして都会の真ん中に置かれた巣箱から放たれたミツバチが、どんなものを集めてくるのかを少し考えてみてほしいと思います。

自分がミツバチだったらどうでしょう。どんな環境に放ってほしいですか？　ミツバチの立場になったとき、私自身が放たれたいと思えるような環境で採蜜されているはちみつ。そんなはちみつを私はみなさんにおすすめしたいと考えています。

自宅で養蜂に取り組む人もいます。自分の家の庭先ではちみつが採れるのはうれしいことかと思いますが、**その周り 3km 四方を自分で歩いてみて、何があるか、そして何が落ちているか確認してみてください。**ミツバチはどこに餌を取りに行くと思いますか。もし花が十分に咲いていなければ、ゴミの中のジュースの余りなどからも、糖を取ってくる可能性があるのです。

健康な人が「自分の庭ではちみつが採れてうれしいな」という気持ちで、ときどき少量を食べるのはいいでしょう。しかし、病態を改善したいと考えてはちみつを摂取するのでしたら、その質には十分に気をつけてほしいものです。**都会や人の営みがある場所で採れたはちみつは、病態をさらに悪化させてしまう危険性を持ちあわせていることを忘れないでください。**

03 安心できるはちみつの条件

私が必ず確認している5つのポイント

　安心安全なはちみつを見つけるための第一歩として、ハチの巣箱が置いてある場所から半径3km以内が汚染されていないことが非常に重要になります。私が必ず確認しているポイントは次の5点になります。

1. ミツバチの生活圏半径3kmに農薬が散布されている田畑がないか
2. 遺伝子組換え作物（GMO）を育てている畑が近くにないか
3. 大気汚染（放射線やPM2.5、黄砂など）がないか
4. 水源の汚染がないか
5. 人口密度の多い都市で採れたはちみつかどうか

　それぞれ詳しく見ていきましょう。

❶ ミツバチの生活圏半径3kmに 農薬が散布されている田畑がないか

　残念なことに、ネオニコチノイド系の農薬の散布は世界でも日本でもあたりまえになってしまっています。なかでも日本は、ほかの国に比べてその規制基準が非常に緩いのが現状です。

　たとえば、日本用と同じ量の農薬を使って生産した緑茶は、EUやカナダなどに輸出しようとすると検疫で許可が下りず、輸出することができません。従来どおりの非常に緩い基準に沿って農業が行われている土地では、農薬が多量に使われている可能性があります。

　それゆえ、はちみつに農薬が混入しないためにも、ミツバチの生活圏内に慣行農地がないことがまず非常に重要です。

※慣行農地：国や自治体、JAの指導ならびに法律のもと農薬や肥料を使う一般的な農業用地。

139

❷遺伝子組換え作物（GMO）を育てている畑が近くにないか

遺伝子組換え作物の多くは、除草の手間が省けるという理由で、「ラウンドアップ」という農薬を使用します。

ラウンドアップ（最近では新しい名称の商品もあります）は、グリホサートという環境ホルモン（内分泌かく乱物質）を含みます。グリホサートは人体において発がん性があることがわかっている除草剤の主成分です。

また、働きバチがグリホサートを食べたり、触れたりすることで体内に取り込んでしまうと、それが規制基準内の量であったとしても、脳の機能障害が起こり、蜜を採りに行って、きちんと巣に戻ってくるためのナビゲーション能力に支障が出ることがわかっています。ハチたちが大量に死んでしまう「蜂群崩壊症候群」が増加しているという問題も、原因はここにあることが知られています。

❸大気汚染がないか

忘れてならないのは、日本は放射能問題があるということです。これは決して過去のものではありません。今なお注意したい点のひとつです。

また中国からの黄砂やPM2.5が、日本、特に九州に流れてきています。こういった大気汚染も見逃したくありません。

季節によって流れてくる汚染物質やその量は変化しますが、巣箱がある場所の大気中に何が飛んでいるのか、1年を通して常に確認することが重要です。

❹水源の汚染がないか

水源汚染も大きな問題です。もしハチの生活圏内に川、湖、池などがある場合は、その水源の近くや上流に工場がないかどうかを確認しなければなりません。

　また農薬畑、ゴルフ場、工場、人口密度の高いところが周辺にある場合は、その川や池などが汚染されている可能性が高くなります。まずは巣箱を置いているエリアについて知るためにGoogle マップや衛星マップで周囲を確認しますが、実際のところはどうなのか、こればかりは現地を訪れてみなければ正直なところわかりません。

　口頭で「周りには何にもないですよ」とどんなに言われても、巣箱がどんな環境に置かれているのか、やはり自分自身の目で見て確認しないと、実際の環境は把握できないと思っています。

❺ 都市で採れたはちみつかどうか

　人口密度の高い都市は、農地がそんなに多くありません。それゆえ、「グリホサートやほかの農薬の影響が少ないからいいのでは？」という人もいますが、いいえ、また違った問題がいろいろとあります。

　都会に住むハチたちは、難しい環境で生きています。ハチは半径 3km 以内を移動できるので、餌となる蜜を集めてくる行動範囲は緑化活動でつくられたビルの屋上だけではありません。その行動範囲が近隣の公園にあるゴミ箱にまで達することが容易に考えられます。

　仮に屋上の巣箱にシロップが餌として与えられていなくても、ミツバチたちは率先してゴミや路上に捨てられたシロップまみれの清涼飲料水の残りや残飯などから糖分を持って帰ってくるのです。

　またここでも、放射能の問題があるということを忘れてはなりません。

「ホリスティックに生きていこう」とする意識がある養蜂家

自分と息があう人、感性が近い人を見つける

もし近くに養蜂をしているところがあれば、見学しに行くことをおすすめします。日本と海外の養蜂は全然違うスタイルでやっているので、比較するのも勉強になります。また、同じ国でも養蜂家によってそのスタイルは大きく異なります。

いい悪いではなく、養蜂家にはそれぞれの個性と信念、生き方があります。自分がどんな人と息があうのか、感性が近い人を見つけるのもいいかと思います。

私が仕入れているはちみつにレザーウッドハニーがあります。タスマニアに訪問した際、そこの代表である年配の男性とシンガポールのチームとで、丸3日ほど朝から晩まで一緒にすごしていろいろな話をしました。物事に対してどのような意見を持っていて、どんなことを大切にしているのかなど。彼の人となりがよく理解でき、とても息があうと感じました。契約するときにはそういった人間性も重視して、はちみつに対する思いが、私と似ている人と契約したいと思っています。**「ホリスティック※に生きていこう」とする意識がある人は、生命体に対してもはちみつに対しても、愛があります。**こういった愛がある養蜂家のはちみつを見つけられるといいなと常々考えています。実際には、私の基準を満たすはちみつを確保するのはなかなか難しいのが現状ではあります。

自然の恵みであるはちみつは、ミツバチの活動に依存した食べ物です。これはとても大事なことであり、ここを忘れてはなりません。

私たち人間が「安心安全な、この花の蜜を集めてきてほしい！」と願ったとしても、ミツバチができることは、自分の飛行範囲内で花蜜を集めてくることだけです。**私たち人間ができることは、せいぜいその環境を汚染から守り、彼らの餌である蜜を奪いすぎず、薬剤でハチを弱めることなく、大量生産のための人工的な手を加えないということなのです。**

※ホリスティック：生命体、環境、地球、太陽系、宇宙とのつながりを無視せず、すべては互いに繋がっているという実態そのものを指す。

はちみつの選び方
【品質編】

QUALITY

　ここでは、私自身がはちみつを仕入れるときの基準をご紹介します。ここで紹介する7つのポイントは、一般のマーケットで商品を手にとって見極めるにはかなり困難な方法かもしれません。

　一消費者として、きちんと基準をクリアしたはちみつを手に入れるためには、安心できるショップで購入することをおすすめします。そのような、安心できる購入先を見極めるためにも、ここでしっかりと、はちみつの品質基準についての知識を身につけてほしいと思います。

01 はちみつの選び方（品質面）の７つのポイント

はちみつの選び方を大枠で理解する

ここまで読み進めてきたあなたは、はちみつの選び方として、次の２点を十分に理解できていると思います。

> **Ⓐ** はちみつを選ぶ際の１番のポイントは「抗菌度」ではない
> **Ⓑ** 巣箱が置かれている環境が大事

上記の２つに加えて、さらに次の２つの選び方のポイントがあります。

> **ⓘ** 品質的な観点での選択
> **ⓡ** 種類で選ぶ〔花の種類、モノフローラ（単花）なのかポリフローラ（百花）なのか、そして色など〕

どちらも大切ですが、８時限目では、ⓘの「品質」の見極め方のポイントをお話ししていきます。ポイントは全部で７つあります（下表）。ⓡの「種類」による選び方については、９時限目で詳しくお話しします。

> **❶** ミツバチに人工的な餌を与えていないこと
> **❷** 非加熱であること
> **❸** 薬剤を使用していないこと
> **❹** 含まれる花粉がはっきりしていること
> **❺** ろ過のプロセスができるだけ自然であること
> **❻** プラスチック容器に入っていないこと
> **❼** 採蜜源の環境や土壌が汚染されていないこと

❶ミツバチに人工的な餌を
　　　　　　与えていないこと

　ミツバチの餌として、砂糖水やブドウ糖果糖液糖のようなもの
を与えていないことが大事なポイントとなります。

　そもそもそういったものを与えなくてもいいように、本来ハチ
の餌である「蜜」を、ハチのために必要な量を残しながら採取し、
ミツバチを飼育することが大切です。

　ですからミツバチには、栄養価の高い花蜜とは別のものをあげ
ていないことが1番目のポイントです。人工的な餌を与えたミ
ツバチのはちみつには、少なからずその餌が残ります。ただしミ
ツバチが越冬する期間に、砂糖水や汚染されていない果物と砂糖
でつくったジャムなどを与えている養蜂場で採れたはちみつであ
れば、人工シロップのような毒性があるものとは違うので、健康
維持のために選んでも問題ありません。

Column
スーパーの「はちみつ」は、
なぜ長時間液体のままなのか？

そもそもスーパーに置いてある「はちみつ」は、
本物のはちみつではない

　スーパーに置いてある「はちみつ」は、もともとはちみつだった溶
液を加熱処理し、ろ過してはちみつから花粉を取り除いてあるものが
ほとんどです。はちみつに人工シロップを加えてカサ増ししたものや、
餌としてブドウ糖果糖液糖のシロップを多く与えている場合に「固ま
ることのないはちみつ」となって液体の状態のまま維持できるのです。

　これらは、本物のはちみつではなく「はちみつ」という名の別の代
物であることを覚えておいてください。

02 ❷ 非加熱であること

いろいろな「非加熱はちみつ」がある

　非加熱といってもまったく熱が加わっていないのかというと、そうではありません。「非加熱と呼べるレベルの加熱」というものがあります。たとえば、とても寒い地域で採れるはちみつは、暖かく温度管理された貯蔵庫に保管されます。私が訪れたカザフスタンは、冬の極寒地域だとマイナス何十度にもなるエリアです。はちみつを常温に置いておくと、固まってしまい瓶詰めができなくなります。固まる前に瓶詰めをしてしまうというのが基本ですが、瓶詰めするまで25〜26度で管理した倉庫に置いておいたほうが、作業がスムーズにいくということでした。その温度調整された貯蔵庫も見てきました。ほかの養蜂場でも、その暖かい貯蔵庫で一定の時間置いたあとに、はちみつの瓶詰め作業をしていました。この程度の温度であれば、非加熱と判断されています。

ねっとりしていて白く混ざった　　　　キャラメルのようなはちみつ

　基本的には、世間一般によく知られているのは、トロッとした液状のはちみつだと思いますが、この通常のはちみつとは違って、白くねっとりとしたキャラメルのような状態で固まったタイプのはちみつがあります。これは中に入っている糖とそこに混入している花粉、そしてはちみつのほかのいろいろな成分が固まったものです（152頁コラム「はちみつの結晶化」参照）。

　クリームハニーまたはスパンハニーとも呼ばれるこのようなはちみつは、100％純粋なはちみつで、そこに人工物や乳製品など、何かが添加されているわけではありません。このクリーム状のテクスチャーの秘密は「クリーミング」というプロセスにあります。

　はちみつは時間の経過とともに、自然に結晶化して固まってい

きます。これははちみつに含まれるブドウ糖がはちみつ内の花粉とくっついて結晶化するからです。この急速に進む結晶化をできるだけ抑えるために、クリーミングという手法を使います。特に寒い地域では、結晶化して固まったはちみつは硬くなりすぎてスプーンですくうことが困難になります。この手法は、そうした地域で生まれた知恵なのです。

伝統的なクリーミング工程では、天然の生はちみつを慎重に25～26度の温度に保ち、パドルや攪拌器(かくはんき)を使用して穏やかにかき混ぜます。ここでは結晶化プロセスを遅らせ、はちみつのダメージを防ぐためにも、一定の温度を保つことが不可欠です。高温になるとはちみつの内包物が破壊されてしまうので、注意が必要です。

ホイップクリームが空気の泡を閉じ込めて均一なふわふわの食感を生み出しているのと同じように、はちみつをホイップすることで小さな空気の泡で満たされ、やわらかい食感をつくり、風味を高めることができます。

「セット」という手法で溶かす

またモッタリした状態にするために、42度くらいで加熱して人為的に「セット」させているはちみつもあります。私たちの身体もそうですが、42～43度になるとはちみつ内でもタンパク質の組織変性がはじまります。変性が起きるか起きないかのギリギリの温度があり、極寒地であれば44～45度くらいまで加熱したとしても、実際にははちみつに伝わる伝導熱が40～41度くらいになるので、このような溶かし方をしてセットさせている**養蜂場で採れたはちみつも、一応非加熱**とされています。

「非加熱」という表記がどういう基準で記載されているのかはそれぞれ違うので、市販されているはちみつを調べていくとなかなか面白いのですが、一般的には何をもってして「非加熱」と表記されているのか、答えにたどり着けるものではありません。

あなたができることは、まずは「非加熱」や「Raw※」と表記

※ Raw：生のもの、未加工のもの

されているものを選ぶことです。

加熱処理ははちみつの品質を落とす？

　ここはとても大切です。加熱されたはちみつは、色、香り、風味、栄養素など壊れるものがたくさんあります。

　はちみつの種類にもよりますが、水分が多いと発酵を引き起こす酵母菌を殺すことを目的に、50度以上で加熱されている場合もあります。

　お店で売りやすくするために、長期間陳列していても変化のないきれいな状態の商品として保てるように加熱処理をほどこすのです。この場合は「非加熱」とは呼べないので注意が必要です。

　どういった場所で、どのような目的で売るのか、それによってどこまで手を加えたものにするのかの基準は変わってきますが、品質を落とすことには変わりありません。

　ただし、本来のはちみつのよさは単糖が80％以上を占めることです。ほんの5％ほどにすぎない酵素やビタミン、ミネラル分が破壊されたとはいえ、煮詰めることがなければ単糖の含有量に変わりはありません。つまり、加熱することではちみつの本当の価値が損なわれるとは、私は考えていません。どこに重きを置くのかは、自身でよく考えてみるといいでしょう。

大量生産品のはちみつと
　　　　　マヌカハニーは要注意

　完全に大量生産されているはちみつは、もっと高温で熱したうえで機械を使ってかき回しながら加工されています。

　はちみつは高温で加熱することで、メチルグリオキサールの含有量が増えることがわかっています（4時限目「04 メチルグリオキサール（MGO）とは何か？」参照）。

　メチルグリオキサールの含有量によって、「抗菌」の効果を謳っているため、マヌカハニーの多くは加熱されています。4時限目でお話ししましたが、メチルグリオキサールはそれ自体が身

体にとって毒なので、マクロファージなどの貪食系の免疫細胞を活性します（4時限目「05 ALEs（脂質由来のゴミ）は マクロファージが掃除する」参照）。その部分を特に取りあげて、マヌカハニーは免疫力向上の効果があると宣伝されていますが、メチルグリオキサールによって免疫を刺激するということは、同時に炎症を引き起こすということを意味します。免疫力が上がったのではなく、毒が入ることで免疫細胞が強制的に活発に活動させられているにすぎません。つまり高温加熱処理されたはちみつを食べると、体内にメチルグリオキサールという毒を取り入れてしまうことになるのです。

健康な人ならマヌカハニーを使ってもいい？

ちなみに、健康な状態の人が、体調がちょっと悪いときに少し高めの数値のマヌカハニーをひとすくい舐めるのは、刺激として悪くはないと思います。しかし、慢性疾患や慢性疲労、副腎疲労症候群などに悩んでいる人にとって、高い数値のマヌカハニーは毒性を増やし、炎症を引き起こす要因になりかねません。

UMF（ユニーク・マヌカ・ファクター）の数値が15以上のものは、外傷用でケガなどの対処に使うのが賢い活用のしかたです。

古来から知られていた 「はちみつは生で食する」という知恵

アーユルヴェーダの世界でも、はちみつは生で使用するルールがあります。これは、加熱することで発生してしまう害を、古の知恵で知っていたのだと思います。

体調改善のためにはちみつを摂取したにもかかわらず、それが加熱されているはちみつだったとすると、逆に体調不良を招く結果になりかねないので、必ず非加熱のものを選んでください。

❸ 薬剤を使用していないこと

薬剤を使用するのは ミツバチが元気じゃない証拠

　過去に、ミツバチに寄生するダニが世界中で猛威を振るったという経緯があることから、ダニを退治するために、アミトラズといったような殺虫剤を巣箱の中に設置する養蜂家が存在します。もちろん、ミツバチのためを思っての行為であるとも考えられるわけですが……。

　しかし、国によってミツバチの天敵は異なります。昔からハチが自然に生き延びてきたことを考えると、不自然な薬剤の投与が必ずしも必要だとは思えません。

　そして、わざわざ薬剤を添加しているということは、言い換えれば「そこのミツバチたちは元気ではない」「そこはハチが生きていくための環境が十分に整っていない」ということになります。抗生剤を含む薬剤がなければ病気になってしまう状態ということは、そこで生きるミツバチが弱ってしまう環境原因が何かあるということなのです。

　また、巣箱自体に使っていなくても、巣箱が置かれた近くの農場の家畜動物たちに抗生剤が使われていた場合、そのはちみつから抗生剤が検出されることがあります。

市販品をジャッジするのは難しい

　このような観点からも、私がはちみつを選ぶときは、「殺虫剤や抗生剤不使用」という点も基準のひとつに入ります。ただ残念なことに、一般的に薬剤を使用しているのかしていないのかを、市販品で見極めるのは非常に困難です。

❹入っている花粉が
はっきりしていること

純粋に「はちみつ」と呼べる条件

はちみつには、花粉が入っているものと、もともと花粉がほぼ入っていないものがあります。また意図的に花粉を取り除いているはちみつも存在します。コーデックスという国際的な食品規格の定義では、ミツバチが集めてくるもので、はちみつとして認定されるものは次の3つになります。

❶ 花の蜜
❷ 植物の生きている部位の分泌物
❸ 植物の生きている部位の分泌物を吸った昆虫の分泌物

いわゆる「花はちみつ(Blossom Honey)」が、❶の花の蜜からできたはちみつで、自然な状態であれば花粉が入っています。「甘露はちみつ※(Honeydew Honey)」が❷と❸です。❷は花粉の混入がかぎりなく少なく、❸は花粉が入っていないものになります。

この3つ以外は加工はちみつという分類になり、純粋なはちみつとはいえません。

花粉にも要注意

もしあなたが何かしらの不調を抱えていて、それらを改善するためにはちみつを摂取するなら、花粉にも十分な注意が必要です。

花粉には、環境に浮遊しているいろいろな物質が付着します。大気汚染や環境汚染のある地域で採れたはちみつは、花粉を介して汚染物質がはちみつに含まれてしまう可能性が高まります。

また、リーキーガットのように粘膜が弱っている人が花粉（汚染されていなくても）の含まれるはちみつを摂取すると、壊れた

※甘露はちみつ（ハニーデュー/Honeydew Honey）：アブラムシやカイガラムシが樹液を食べて不要なものを排泄し、それをミツバチが集めたもの。花粉が含まれないので、ほぼ固まらず、ねっとりとした食感が特徴的。

腸粘膜から花粉が血中に入り込んでしまい、全身炎症の要因となりかねません。もちろん環境によって花粉が汚染されていれば、健康な人にも害があります。普通に売られているはちみつは、ほとんどが花粉入りです。だからこそ、巣箱が置かれている環境が安全な場所であると確認することが重要なのです。

はちみつの結晶化

はちみつの白濁は花粉を中心とした結晶化

花粉が入っているはちみつは、花粉を中心にブドウ糖がくっついて結晶化が起こります。買ったときは透明だったはちみつが、底のほうで白く固まっているのを見たことはありませんか？　口に含むとジャリジャリするあれが結晶化です。

加熱処理もろ過もされていない生のはちみつは、基本的に天然の糖分と花粉が多い溶液です。生のはちみつに含まれる果糖とブドウ糖のうち、特にブドウ糖が花粉とくっつきやすいのです。ブドウ糖と果糖の比率は、はちみつごとに異なります。はちみつは自然の物であるため、同じ巣箱から採れるはちみつであっても、ある年は果糖が多くてブドウ糖が少ないとか、翌年には果糖が少なくてブドウ糖が多いなどのバランスが変わる可能性が大いにあります。生はちみつ中の果糖とブドウ糖のバランスが、はちみつの結晶化の速度と種類を決定します。

果糖の含有量の多いはちみつは、果糖含有量の少ないはちみつよりも結晶化が遅くなります。そのため、常に水っぽいままのはちみつもあれば、固まったままのはちみつもあります。ほかにも、最初は水っぽくてあとから結晶化するはちみつもあります。

色や質感が変わるということを除くと、結晶化するということは、はちみつ自体には少しも悪影響をおよぼすことはありません。生のはちみつに含まれるすべての有益な栄養素や酵素は、結晶化後も残ります。

一部の生はちみつが 2 つの層に分離するのはなぜか？

　花粉の多いはちみつはブドウ糖の結晶化が早く、より密度の高い、重量のある結晶を形成します。これは、はちみつに含まれるブドウ糖が結晶化しはじめると、花粉が媒介となってさらに花粉を集め固まるためです。果糖はそこから取り残されるため、液体状のまま上部に浮くことになります。もしくは、結晶化のスピードが早いと、塊と液体が混ざりあったような、全体が固形の様態になるからです。

　固まったはちみつを溶かしたい場合は、はちみつの瓶をお湯の入った容器に数分間入れ、はちみつが温まり結晶が溶けるまで待ちます。はちみつの温度が 40 度を超えないように注意してください。

結晶化の部分は混ぜてから食べるのがおすすめ

　結晶化自体は自然に起こる現象なので、いいも悪いもありませんが、結晶化した部分は花粉を中心にブドウ糖が結集しています。

　はちみつが病態改善のためにいいという点は、エネルギー源としてブドウ糖と果糖が効率よく働くというところにあります。もともと細胞がブドウ糖をうまく活用することができる元気な人は、結晶化した部分だけを食べてもかまいませんが、病態を抱えている（糖のエネルギー代謝が低下している）人には、結晶化した部分だけを取ることは推奨していません。

　瓶の底に結晶化している部分があるはちみつは、その結晶化した部分（ブドウ糖）と、上部に残された果糖を混ぜてから食べることをおすすめします。

　また、結晶化したブドウ糖の部分だけを食べずに残す場合は、料理に使ったりお風呂に入れたり、保湿用ボディースクラブや蒸留水に混ぜて化粧品として活用することもできます（10 時限目「はちみつの処方箋」参照）。もちろん、これは人工シロップ（ブドウ糖果糖液糖）入りではないことや環境汚染物が混入していないはちみつであることが大前提です。

05 ❺ろ過のプロセスが できるだけ自然であること

養蜂場による多種多様なろ過方法

　ろ過のプロセスは、こんなに種類があるのかと驚くほど多種多様な方法があります。そして残念なことに私が望むようなろ過方法は、とても手間がかかるので大きな養蜂場では応えてもらえません。

　大きな養蜂場では、大きく分けて次の2つの方法でろ過しています。

❶ステンレスの機械を使って遠心分離をする
❷自然なろ過システムを使う

　❶の遠心分離をする方法は、蜜やミツロウが入った貯蜜枠（ちょみつわく）をそのまま機械に設置し、遠心分離機で回転させることで、巣房（すぼう）からはちみつだけを取り出していきます。

　❷の自然なろ過システムとは、昔ながらのツールを使った手法でのろ過になります。

ろ過方法は養蜂場の理念や その規模によって大きく変わる

　マレーシアのとある工場では、まずミツロウだけを取り除いて、3段階くらいの穴の大きさが違う機械を使って順番に濾していき、最終的に瓶詰めできる状態にしていました。

　ロシアでは昔ながらの方法を採用していて、彼らは木でできた原始的な道具を使用していました。木の幹を半分に割って、そこに穴をくり抜いて貯蜜枠をセットできるようなシステムをつくり、上から大きな木べらに似た道具て蜜を押し出すと、横の穴か

らトロトロとはちみつが出てくるしくみになっています。ここではガーゼを使ってろ過しているはちみつもありました。

このように地道な作業をするのか、もしくは設備投資をして一気に大量にろ過して不純物を除去していくのかというのは、それぞれの養蜂場の理念やその規模によって大きく違ってきます。どこまで効率化するのか、逆にあえてなるべく機械を使わずにナチュラルな方法でやっていくのかというその姿勢に、それぞれ養蜂家の思いが表れてくると感じています。

はちみつを採取したあと、ミツバチの巣を廃棄するのか再利用するのか、ミツバチのために蜜を残してあげるのか、ろ過後のはちみつをどんな品質のもので販売するのかなどによっても、ろ過の方法が違ってきます。

ろ過の作業は本当に大変なものなので、養蜂家としては、本当は設備投資して手間を減らしたいという思いがあるのだと、何人かの養蜂家と話していて理解しました。

彼らにとっては、はちみつをボトル詰めしてお客様にお届けするということが仕事なので、私もできるだけ効率化したいという彼らの思いにも貢献できたらいいなと考えています。

ろ過の方法は、現地に行って確認するしかありません。養蜂家によってまったく違いますし、なかにはろ過方法について嘘をついて販売しているところもないとはいえません。可能なかぎり実際の現場を見に行ったほうがいいと思いますが、それは一般的には、ちょっと現実的ではないかもしれませんね。

06 ❻プラスチック容器に 入っていないこと

プラスチックは どうしても溶け出してくる

　これはとても大事な点です。プラスチックでつくられたポリタンクにはちみつを入れたままにすると、プラスチックが溶けてどうしても BPA（ビスフェノール A）が溶け出してきてしまうのです。これはココナッツオイルなど、液体で保存するものならどれも同じことがいえます。

　最終形態としてお店に並んだときに、プラスチック容器に入って売られているものも論外です。

　商品として容器に入れる前までは、通常、はちみつはドラム缶やステンレス缶、もしくはプラスチック容器に入れられて保管されています。

　プラスチック容器を使っている養蜂場のはちみつを買いたいと思ったときには、私が買い取る分のはちみつにはこちらから資金を投資して特別に設備を整えてもらい、こちらの希望の容器に入れてもらうこともあります。または、採蜜した時点で保存せずに、そのまま瓶詰めしてもらうという契約で買っているはちみつもあります。

　ステンレスの容器でも今では品質がピンキリで、重金属が流出するようなものも存在するので油断できません。

ガラス瓶は輸送も大変だけれど 譲れない安心感

　ガラス瓶に詰めたはちみつは重たいですし、お金もかかります。また輸送中に割れることがあるので扱いも非常に大変ですが、それでも、私が買い取る分は必ずガラス瓶に入れます。

　実際、過去に仕入れたときには、半分近くが割れた状態で日本

に届いてしまったケースもあります。容器をプラスチックにすれば割れることもなく、軽ければ空輸にしても船便にしても輸送費がかなり安くすむというのもよく理解していますが、ここだけは絶対に譲れません。

プラスチック容器は エストロゲンによる健康被害のもと

たとえば夏の暑い時期に船便で輸入する場合、船底は空調管理がされていなければある程度暑くなります。そうなると、もともとは白いはちみつだったものが、黄色く溶けたような状態で日本に届くことがあります。加熱して煮たわけではないのでメチルグリオキサールのような物質は発生していないのですが、ガラス瓶とは違い、プラスチック容器に熱が加わることで、はちみつはその影響を受けてしまいます。

プラスチックのほうが熱伝導が高く、熱をたくさん吸収するのです。特にはちみつは、黒い色をしたプラスチック容器に入っていることが多いので、余計にプラスチック内に熱をこもらせやすく、BPAが溶け出してエストロゲンの害が増大してしまいます。エストロゲン過剰による健康被害については、健康についての投稿や講義でたくさん発信しているので、参考にしてください（巻末の「講座一覧」参照）。

❼採蜜源の環境や土壌が 汚染されていないこと

糖と一緒に毒を取り込むことになる

　この点については、すでに詳しくお話ししてきたので、ある程度、理解していただけているかと思います。

　「はちみつの選び方」とひと言でいっても、よく考慮しなければならないポイントが山ほどあります。その中であなたがどんなはちみつを選ぶのか、その選択次第で身体に与える影響が大きく変わってくるのです。

　糖はあなたのエネルギーブースターになる大切なものです。ただし、その中に毒性が高いものが含まれてしまっていれば、それは逆に、身体にとってマイナスに作用してしまいます。

　現在、市場に出回っているはちみつは、次の4つに分けられます。

❶ 純粋な単糖かつゴミも毒性もないはちみつ
❷ 純粋な単糖だけどゴミや毒性があるはちみつ
❸ 純粋な単糖ではないシロップ含有だけどゴミはないはちみつ
❹ 純粋な単糖ではないシロップでかつゴミや毒性もあるはちみつ

※ ここでいうゴミは、炎症を起こすもととなるような代謝ゴミ（4時限目参照）。

　今まで健康によかれと思ってせっせと食べていたはちみつが、この中でも、特に❹のシロップ入りでその原料自体も汚染まみれという品質のものだったらどうでしょうか。糖というエネルギー源を摂りながら、同時に毒性のある物質を体内に取り込んでいることになります。

　一般的にスーパーマーケットなどで売られているはちみつの場合、採蜜源を調べるのは困難です。だからこそ、そういった情報開示をしているショップで買うことをおすすめします。

日本のはちみつ

狭い国土の中で環境汚染のない場所はあるのか

　ここまでお話ししてきたような7つの条件をクリアするはちみつを見つけてくるのは、本当に大変です。調べるだけでもひと苦労ですし、現地に訪れるのも労力がいります。

　現代社会はさまざまな環境汚染があり、特に日本は土地が狭く、環境汚染のない場所を探すことが難しいのが現状です。

　そんな日本の土地の中で、ミツバチが飛ぶ3km四方が単一の花だけで埋め尽くされている土地を探すのは簡単ではありません。工場や農地などの、人間の生活している場所から離れていて、なおかつ同じ植物ばかりが生えているといった環境は、人為的につくらないかぎりは難しく、日本には本当の意味で養蜂に適した場所はそんなに多く存在していないのかもしれません。

　たとえば一面のひまわり畑があったとしても、その多くは観光目的で植えられているので、人の出入りもそれなりにあって、ほとんどが養蜂には向かないでしょう。人との関わりが一切ないような土地で、一面の花畑があればいいのですが、そんな場所は一体どこにあるの？　というくらい日本で養蜂に適した土地を探すのは難しいのが現状です。

シロップの味がするものが多い

　あなたに「安心してたくさん食べてね」といえる、私の基準を満たすはちみつは、現状ではほぼ海外のものにかぎられてしまいます。

　とはいえ、日本のものにかぎらず、蓋を開けた瞬間にシロップの匂いがしたり、あと味にいつまでも喉に残るような甘ったるい感覚が続くはちみつは少なくありません。

日本で採れるはちみつには、ここまでの７つのポイントをすべてクリアできるものが本当に少ないのです。そして、**残念ですがシロップの味がするはちみつがとても多いです。**放射能や農薬に汚染されていない土壌・環境で養蜂することがとても難しいのが、日本の養蜂の現状なのです。もちろんそれは、遺伝子組み換えの農作物を大量生産しているような農業国のはちみつの質も似たり寄ったりです。

　また**日本では、養蜂の慣例として、抗生剤の使用やシロップを餌として投与することがあたりまえになっています。**以前、ある養蜂家に「シロップをあげないとミツバチが冬を越せないじゃないか」と言われたこともありました。しかしそれはミツバチが冬を越せないくらいの量のはちみつを人間が奪ってしまっているか、または越冬できないくらいミツバチが弱ってしまっているのか、どちらかです。

日本にもおすすめできるはちみつはある

　もちろん日本でも、こういったミツバチにとってもはちみつにとっても重要なポイントを理解されていて大事に養蜂されている人もいます。実際、日本の養蜂家でおすすめできるはちみつを採蜜されているところもいくつか知っているのですが、生産量が非常に少ないのです。そういった心ある養蜂家たちの、「治療に使える品質のはちみつ」は、将来的に蜂蜜療法協会で紹介していきたいと考えています。自分では見極めができないという人は、参考にして日本のはちみつも安心して入手してもらえたらうれしいです。

　本書を読んでいるあなたは、もうはちみつ選びのコツを知っているのですから、ぜひ楽しみながらハニーハントもしてみてくださいね。

日本の百花蜜がすごい？

日本は土地が狭いから百花蜜になる

　ポリフローラル・ハニーといって、日本だと百花蜜と呼ばれているはちみつがあります。日本では、日本の百花蜜は何か特別で、それが素晴らしいといった言い方がされていることが多いように見受けられます。

　百花蜜のよさはもちろんあります。しかし、**百花蜜が単花蜜に比べてより素晴らしいということはありません**。そのよさはそれぞれに個性が違うだけです。

　土地が狭い日本においては、「百花蜜が採れやすい」にすぎません。ミツバチは巣の近くに咲く花がなんであれ、その蜜を集めてきます。単一の花が咲く広大な土地があまり存在しない日本で採れるはちみつは、自ずと**多種の花の蜜からできる百花蜜**になります。

　百花蜜には、その土地の特徴が現れます。花たちから採れる蜜は四季によって個性が違いますし、味も違います。ヨーロッパだと、スプリングハニー、オータムハニーといったように、季節の名前がついていたりもします。また、マウンテンハニー、ワイルドブッシュハニーといったように、その土地の特徴が名前になっていることもあります。同じエリアのはちみつでも、スプリングハニーとオータムハニーでは全然違うものになります。採れる場所は一緒なのですが、咲いている花が違うので、季節によって蜜を集めてくる花の種類が違うのです。

　また、たとえばジャラというはちみつは隔年でしか開花しないので、2年に1回しか採蜜ができません。花によってもそれぞれの事情があるので、こういったことを知っておくと「やっぱり高価でも買っておいたほうがいいな」というはちみつと、「いやこれは毎年たくさん咲く花から採れている花蜜だな」と、**花の種類によって値段が違うのもあたりまえだと理解できる**ようになってきます。

　しかし、どれも大事な自然の恵みなので大切にいただきましょう。

09 お気に入りを３つ用意しておく

はちみつの種類は３カ月ごとに変えてみる

　私がいつもお伝えしている「お気に入りは３つ」という提案があります。これは、どんなものでも「常にお気に入りを３種類用意しておこう」という意味で、はちみつも同様です。

　どんなにいいと思ったはちみつでも、その年によって品質が変わってしまう可能性があります。私がいくつもの養蜂家と提携している理由にはそういう背景もあります。

　私がおすすめしているはちみつの中でも、食べる人によってそれぞれにお気に入りはあると思うのですが、数本食べたら次は違うボトルに変えてみてください。３カ月くらい（約100日）すると身体の調子が変わってくるので、美味しいと思うはちみつも変わってくるはずです。そうやってはちみつの種類をどんどん変えていき、常に今の自分にあったはちみつを用意しておくことです。

　また「調子が悪いときに食べると美味しいはちみつ」があります。それも個人個人で感覚が違うので、調子の悪いときにぴったりのはちみつも自分で試して確認しておくといいでしょう。ぜひ自分の体感を使って、その都度選びとってみましょう。

　はちみつは不飽和脂肪酸にまみれてしまった現代人に、ゴミの出ないクリーンな糖代謝を少しずつ取り戻す手助けをしてくれます。これには、上記のように３カ月の変化を繰り返しながら、６カ月、９カ月、１年半、３年、５年と身体のつくり替えをしていきます。この過程において、これまで抑制されてできなかったゴミ掃除が徐々にはじまることがあります。ゆっくり時間をかけて体内からきれいになり、新しく再生されていきます。この流れの中で、吹き出物や炎症が出ることもあります。そうすると、はちみつが身体にあわないと心配する人もいますが、心配はいりません。「糖があわない人間」という生命体は存在しませんから。

まずは9時限目を参考に、おすすめのはちみつを試す

BEE
COMPANY
SCOTTISH
HEATHER
HONEY

数本食べて
みたら

→

ELIXIR
RAW HONEY
As nature intended

はちみつを
変えてみる

3カ月くらいしたら

体の調子が変わってくる

調子が悪いとき
に食べると美味
しいはちみつを
見つけておく

美味しいと思う
はちみつが変
わってくるので

はちみつをドンドン変えていく

6カ月

9カ月

1年半

3年

5年

3カ月タームを繰り
返しながら身体のつ
くり替えをしていく

ゴミ掃除が
徐々にはじま
っても心配し
なくていい

ほぼデトックス
ができてくる

ゴミ掃除がほぼ完了

はちみつを通して、
自然のゆらぎを感じる

　どんなことにもあてはまることですが、世の中にはリスクがゼロというものはありません。自分の体調でさえ、「昨日はあんなに元気だったのに今日は元気になれない」という状態が誰にも起こります。**生きているものや天然のものにはそういった「自然のゆらぎ」があります。**逆に「菌のような生命体がまったく存在しない既製品」はいつまでもきれいなままですし、どれも規格どおりの美しさで提供されます。そこには"ゆらぎ"つまり"動き"や"変化"がありません。

　本来「生きているもの」は、人間を含め時間の経過によってゆっくりと変わっていきます。その変わっていくことを楽しむという感覚や「生きているものをいただいているのだ」という感謝の心で、はちみつを食べていけるといいのではないでしょうか。

　私たち自身が元気なときも元気でないときも、人間はお互いにそれを許しあい、助けあっていくように、ゆらぐ自然の中での共生も考えていきたいものです。

　そういう意味でも、農薬や殺虫剤まみれの土地にハチを飛ばすという行為は、どうしても残念に思えてなりません。誰だって、大気汚染の中にいたくはありませんよね。自分自身も嫌なことが、ほかの生命体にとっていいことだとは思えませんし、せめて自分が手がけるものには、そのような環境についても妥協したくないと思うのです。

　本来はミツバチの餌であるはちみつを、私たちの健康のためにおすそ分けしてもらっているということを忘れないでいたいものです。

はちみつの選び方
【種類編】

VARIETY

　8時限目で、はちみつの品質による選び方を見てきました。その基準をクリアしたはちみつブランドを見つけたら、今度は実際に「どのはちみつにするのか」、種類による選び方を見ていきます。

　まずは色、そしてあなたの体調や健康度によって選ぶ基準を変えていきましょう。加えて、少し難易度が上がりますが、色が持つ波動（バイブレーション）を通してはちみつの色を理解できるように、コラムで紹介しているので、楽しみながら理解を深めてみてください。

はちみつを選ぶ基本

まずは色で選んでみる

　ここからは、はちみつの色による選び方を見ていきます。代表的なはちみつの名前として下の表に載っているものは、主に私が取り扱っているはちみつなので、参考にしてみてください。

色	代表的なはちみつの名前	使い方
白	サインフォイン（エスパルチェット）、白クローバー、ハニーデュー、白リンデン	白いはちみつは寝る前の栄養補給として最適
黄	カリー、ドライアンドラ、リンデン、ドンニック、アカシア、ペパーミント、ワイルドフラワー、クローバー、レザーウッド、シドル、ジャラ、マリー、ホワイトガム	黄色いはちみつは日中のエネルギー補給に。そのほか、オールマイティーに使える
茶	フォレスト、マウンテン、ダンデライオン、栗（チェスナット）、ヘザー、マザーワート	ミネラルバランスのいい茶色いはちみつは、代謝が悪い人や体内に過酸化脂質による炎症問題を抱えている人に最適。日中の摂取におすすめ
黒	スティングレス、ワイルドハニー、北欧のマウンテンハニー、北欧のフォレスト・ハニー、そば（バックウィート）	朝や午前中の活動時にはミネラル分をたっぷり含む黒いはちみつがおすすめ。また、いつもより身体を動かしたときの疲労回復にも

　色をおおよその目安にして選んでもいいですし、口の中に入れたときのモッタリ感や苦味、さっぱり感、食べた瞬間の風味によって好みも分かれるでしょう。ひとさじ、口に入れた瞬間の感覚で得た「美味しい！」を忘れずに、その直感にしたがってください。

※はちみつは、採蜜場所や時期によって色味が変わるので、現物を見て、現物の色寄りのエネルギーで捉える。

糖を摂り慣れない人は
ドリンクにして飲んでみる

　糖質制限などで糖を長い間避けてきた人にとって、はじめのうちは、はちみつをそのまま食べることに抵抗がある人もいるでしょう。スプーンにすくって、本当にちびちびと舐めるような食べ方でお茶請けのようにするのもいいですし、お湯や水に溶いて、レモンやアップルサイダービネガーを一緒に混ぜてドリンクをつくったり、コーヒーやフルーツジュースに混ぜたりするととても飲みやすいので、はちみつを摂りやすくなります（10 時限目「はちみつの処方箋」参照）。

身体が求めているはちみつを探そう

　面白いことに、今日「美味しい！」と思ったはちみつが半年後には美味しくないと感じることもあります。朝は美味しかったのに、夜はイマイチと感じることもあるでしょう。

　個人の体質や性質、またはそのときどきの自律神経の具合や健康度によって、あなたにあうはちみつは異なります。さらに、あなたの性別は？　年代は？　誕生星座は？（4 時限目 89 頁下図参照）　といった要素でも、好みの傾向が変わってきます。

　体調によっても美味しいと感じるはちみつは変わります。同じ人でも、仕事のしすぎで頭がフル回転しているときに美味しいと感じるはちみつと、なんだか身体がだるいなぁと感じるときに美味しいと感じるはちみつは違うものなのです。また、季節の変わり目でも変化します。

　はちみつを食べるときは、**今のあなたが美味しいと思う（身体が求める）はちみつを食べるのが**1 番です。できれば家に何種類か違った種類のはちみつをそろえておいて、「今の気分はこれ」と、日々直感で決めたはちみつをちょこちょこ摂取することをおすすめします。正直、この方法が健康にとって最も効果が高いのです。

02 まずは白いはちみつから はじめてみよう

白いはちみつをしっかり摂る

　どれもただ甘くて好みの味がわからないという人は、できれば白いはちみつをしっかり摂ることからスタートしてみましょう。

　特に、長い間慢性疾患を患っている女性で「薬剤投与してきた」「よく頭痛に見舞われる」「生理がいつも重くてしんどい」「毎年花粉症で服薬してきた」など、手軽な市販薬を頻繁に服用してきたような人は、大半が体温が低く貧血気味で、体内の酸素も足りていない状態になっています。さらに、そういう人は甲状腺の元気もなく、糖による効率的なエネルギー生産のシステムが止まっていることが多いです。そうなると炎症の火種をたくさん抱えることとなり、自分でも気づかないうちに、体中に炎症が起きている状態になります。

　炎症が密かに起きているという状態とは、体内に潜んでいる代謝しきれなかった「身体にとってのゴミ」を少しずつ燃やしている状態です。そもそもこういう人の体内には、一気に燃やして体内をキレイに掃除するだけのエネルギーが足りていません。ですから、少しずつ小さな炎症を起こしてゴミ処理をしつつ、エネルギーも消耗させているのです。こういうケースの場合、一気にエネルギー生産量が増えると、同時にゴミ掃除のための炎症も拡大して広がってしまいます。「代謝」という形で処理ができるように、基礎代謝のためのエネルギーそのものを増やしていかなければ不快な炎症を免れることはできないので、少しずつエネルギーの量を増やしていくのが賢明です。つまり、ここでは「基礎代謝の力を回復させることに集中する」ことが大切です。ゆっくり代謝を上げて炎症へのステップをできるだけ回避するには、まず取り入れやすいのが白いはちみつです。白いはちみつの種類など詳細は、「03 はちみつの色による特徴を知ろう」を参照してください。

好みの味がわからない

白いはちみつからはじめてみる

・ずっと慢性疾患に悩んでいる
・手軽な市販薬を服用してきた
・頻繁に頭痛がある
・生理がいつも重くてしんどい
・花粉症で毎年薬に頼ってきた

オーストラリア産の黄色いはちみつ

　または白いはちみつを主役にして、ときどき、または交互に黄色いはちみつを摂るのもおすすめです。世界中で採れるはちみつの、ほとんどが黄色です。黄色から少しオレンジがかったゴールデンカラーです。黄色の持つ力としては「元気になるはちみつ」ともいえます。ほとんどの人にあう、おすすめしたい万能はちみつです。

　色の持つ波動は、私たちの体内で起こる生命反応と同調し、各臓器や器官の働きをサポートします。今の状態（疾患）を別の方向（治癒）に引っ張っていく波動的な力を持ちます。波動や周波数について、そのメカニズム、効用について興味のある人は、巻末でご紹介している講座などで詳しく勉強してみてください。

　もちろん、頭で考えすぎず、味の好みで決めても大丈夫です。

例❶ 白いはちみつを中心にときどき黄色いはちみつを摂る

例❷ 白いはちみつと黄色いはちみつを交互に摂る

代謝が回ってきたと感じた人は

　不調から抜け出し、ある程度健康的に代謝が回ってきたという人には、おやつ用などで少し多めに食べてほしいのが「レザーウッド」や「リンデン」です。

　いつもは元気だけど、生理のときだけ元気がなくて冷えていると感じるようなときは、白いはちみつよりも少し黄色がかったはちみつを試してみましょう。

1日の時間を、元気で活発な時間と
　ゆったりしている時間とに分けてみる

　また、夜と朝という陰陽の状態にあわせたり、1日の中でも元気で活発な時間とゆったりしている時間といった、1日のサイクルにあわせて白と茶色のはちみつを使い分けてみましょう。

　活動時は茶色（陽）、静養時は白色（陰）です。

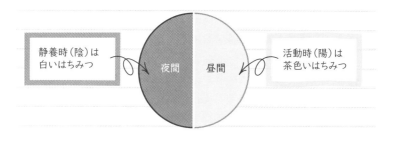

静養時（陰）は
白いはちみつ

夜間　昼間

活動時（陽）は
茶色いはちみつ

　　　　具体的なはちみつの名前は166頁の表を参照してください。

03 はちみつの色による特徴を知ろう

基礎エネルギーをサポートする白いはちみつ

　白いはちみつで私がおすすめしたいのが、クローバー、セットした（8時限目「02 ❷非加熱であること」参照）リンデン、サインフォインです。安心な白いはちみつはあまり多く日本に入ってきていません。

　白いはちみつは、身体を鎮静状態に保ちつつ、健全に回していくエネルギーを持ちます。つまり、基礎的なエネルギーだけを生み出す役割を持つはちみつというイメージです。

　「炎症を起こさないようにしたい」かつ「毎日生きるための基礎代謝エネルギーはしっかり回したい」という人には白がおすすめです。また、寝ている間にも私たちはエネルギーが必要なので、良質な睡眠のために、白いはちみつを寝る前にひとさじ摂ることはとてもおすすめです。代表的な白いはちみつとしては寒い国のクローバー、セットしたリンデン、透明な白のハニーデュー、ホワイトガムなどがあります。

　キルギス産やカナダ産の白いはちみつは有名ですが、カナダ産はグリホサートの問題（7時限目「03 安心できるはちみつの条件」参照）を抱えてしまう可能性があります。キルギス産は、グリホサートはきちんと規制されていて安心なのですが、今度は殺虫剤や抗生剤などの問題があります。キルギスやカナダの養蜂家たちとは、安心安全な満足のいくはちみつを手に入れられるかどうか、地道に話しあいながら現在もやりとりをしています。

　またタスマニアのある地域でも、農薬から逃れているクローバー畑があるところを見つけたので、そこにも巣箱を置いてもらっています。ニュージーランドやアイルランドでも、クリーンなクローバーはちみつをつくれる環境を最近見つけることができました。こちらもとても楽しみです。

エネルギーに活力を与える黄色いはちみつ

先ほどお話ししたように、世の中のはちみつはほとんどが黄色、ゴールデンカラーですが、その中にはエストロゲンと同じようなホルモン作用を多く持つものも存在します。ハーブの中にもクラリセージやセージといった、微量のエストロゲンと同じようなホルモン作用を持っているものがあり、生理が不順な場合には、プロゲステロン※とエストロゲン※のバランスを調整させるためのサポートとして、あえてこういった種類のはちみつを利用する方法もあります。

ホルモンバランスの調整にはクローバーがおすすめ

たとえば、クローバー（赤）、サインフォイン、ドンニック、レザーウッドなどは、微量のホルモン作用を持っています。ドンニックは赤色からピンク色をした花のはちみつです。サインフォイン（別名エスペルチェット）は紫ピンク色をしています。色としては、ピンク色はエストロゲン、紫はプロゲステロンと波動が同じです。こういったはちみつ群は、ホルモン作用を持つハーブティーと一緒に摂ることで、ホルモンバランスを調整するサポーターとして活用できます。ホルモンバランスが崩れていて、生理の周期が整っていない、排卵がうまくいかないなどで悩んでいるのなら、排卵予定日前後の2日間、または生理予定日の5日前から生理がはじまるまでの期間摂取して、3カ月くらい様子をみてください。

ただし排卵という生殖の仕事は、自分自身の健康度が十分にあってはじめて機能するものです。全体のエネルギー量が増えれば排卵は勝手に起きるので、エネルギー量の底上げという目的なら黄色のはちみつを中心に摂ればどれでもいいと思います。

甲状腺の機能改善にはジャラとシドルがおすすめ

ジャラとシドルは、甲状腺に刺激を与え代謝エネルギーを増加させる目的としてとても推奨したいはちみつです。同じような作

※プロゲステロン：排卵直後から分泌量が増える、妊娠の準備のためのホルモン

用を持つ一般的なはちみつだと、アカシア、そしてリンデンがあります。リンデンは白っぽいものから黄色っぽいものまでありますが、それぞれの色によって内包するエネルギーが違います。

マリー、ドライアンドラ、ブラックバッド、ワイルドフラワーなど、黄色のエネルギーを持つはちみつは、私たちの基礎代謝のエネルギー生産に活力を与えます。いわば、生き抜くための最低限のエネルギーです。逆にいえば、この力が弱ると病気にかかりやすくなるということです。一般的にいわれる「免疫力」というものは生命反応の要ですが、黄色いはちみつによってブーストアップされます。甲状腺は私たちのエネルギー生産の司令塔のようなところで、そこで生産されたエネルギーは基礎代謝を回すために優先的に利用されます。

前述したとおり、私たちの身体には、外環境から内側を守る防衛壁が備わっています。それは全身の皮膚、口から胃・腸・お尻の穴までの筒になっている粘膜部分です。ここは常に外界に接しているため、私たちが不調になると、1番最初に症状が出やすい部位になります。

基礎代謝を回したうえで、そこに余剰のエネルギーがあれば、身体は次にこの外壁の修復を優先的にするのです。それゆえ、黄色いはちみつを摂ることでまず元気になる場所は、エネルギーを生産する甲状腺、それに次いで皮膚の疾患、粘膜の疾患（消化器官・呼吸器官）となります。

粘膜部分に1番効果を感じやすいはちみつは、マリーとブラックバットです。この2つは粘膜と皮膚の症状に非常に有効です。

エネルギーが枯渇して元気がなくなり、副腎や腎臓、肝臓の機能も落ち、アドレナル・ファティーグ（副腎疲労症候群）と呼ばれるような状態だと判断する場合には、体内の浄化機能のうち特に脂質代謝がうまくできなくなり、過酸化脂質をベースとした炎症ゴミが増えていきます。そんなときの腎臓のサポートには、カリーやホワイトガムが有効でしょう。

肝臓や腎臓は日常的なストレスに対処する臓器ですが、カリー

※エストロゲン：排卵や月経を起こすための小さな炎症を誘導させる作用を持つホルモン

はその保護として働きます。マリーとカリーはほとんど同じグループです。どちらも、日々生活し活動するときに必要となる基礎代謝を上げてくれるエネルギーを持ったはちみつです。

マリーは日々の解毒処理による肝機能の消耗や、さまざまな毒性のあるものを食べることによって疲弊する消化管の問題、そこから生じる粘膜や皮膚への症状といった、いわゆる身体の外壁（防壁）の保護作用があります。一方でカリーは、内側でストレス対応そのものである腎臓・副腎また生殖器の保護をします。マリーとカリーのセットで肝臓＆腎臓のサポーターとしていい働きをしてくれます。

エネルギー量を増やすために日常的に摂りたいはちみつ

全身のエネルギー量を増やすために日常的に摂取するはちみつとしては、黄色でゴールデンカラーのはちみつならどれでもおすすめです。たとえば、ワイルドフラワー（百花蜜）、ペパーミント、ドライアンドラなどです。子どもが日常的に摂るはちみつとしては、アカシアもおすすめです。エレメントマトリックス®（4時限目コラム「アロマポセカリーという考え方」参照）でいうと、中心から土よりの位置に属するはちみつが、基礎代謝エネルギーの活性には非常に向いています。

黄色いはちみつの中で、寒い国の薄い白っぽいはちみつは、女性のホルモンバランスを整えます。男性用には、ゴールデンルートハニーなどがそれにあたります。中年期以降の男性なら、黒っぽいワイルドハニーやヘザーハニーもおすすめです。男性ホルモンの調整にひと役買うことでしょう。また、貧血からくる冷えを持つ女性にもいいでしょう。代謝が悪く鉄をうまく使えていない、つまり鉄が活用されず余ることによって炎症が起きているような人のサポーターになります。

黄色いはちみつは、日中のエネルギー補給にいいとお話ししましたが、「黄色」は基礎代謝の部分に直接的に貢献するエネルギーの色だと覚えておきましょう。

茶色いはちみつ、黒いはちみつ

　茶色や黒っぽい色のはちみつは、ミネラルバランスにすぐれています。特にビタミンB群など、細胞内外の電位に影響を与えるのに必要なミネラルとビタミンがセットでより多く含まれています。

　「過酸化脂質が溜まっている」「脂質の問題で肝臓が傷んでいる」といった、特に脂質代謝の問題を抱えやすい人、**活動量が肉体的に多い人に適しているのが茶色いはちみつ**です。過度なストレスから、活性酸素と血中の不飽和脂肪酸が結合して過酸化脂質となり、それが原因で血管の詰まりや高血圧、心臓や脳の血管疾患、肝臓疾患といった症状を引き起こしている場合には、特におすすめです。また、**ワクチン接種後の体調不良にもいい効果を発揮**します。

　脂質による詰まりが増えていく過程で、脂質を代謝する肝臓も傷むので、肝機能障害があるときは脂質代謝の問題を疑ってみましょう。実際、厚生省の調べでも、脂質をうまく代謝できない脂質異常症患者の増加についての発表もされています。

　たとえばメタトロン※のような波動測定器で身体の状態を確認したときに、「アテローム性動脈硬化の問題が考えられます」「心臓周辺血管や全身の血管系の詰まりの疑いあり」という表示が出ていて、その個所が炎症を表す「赤」になっていたり、もしくは代謝されない脂質を溜め込んで固まり、詰まりを起こしている抑制状態を表す「青」になっていたりしますが、どちらのケースにも濃い茶色のはちみつはおすすめです。

　ちなみに、茶色いはちみつには、マレーシアやフィリピン、東南アジアなど暖かいところで採れるものと、ロシア、ウクライナなどの寒いところで採れるものの2種類があります。私は前者を「夏のはちみつ」、後者を「冬のはちみつ」と呼んでいます。

　暖かいところで採れる「夏のはちみつ」は、アクティブな活動のためのエネルギー源として活用できます。一方、冷たいエリアで採れる「冬のはちみつ」は、身体に免疫抑制があり脂質ゴミが溜まって詰まりや組織萎縮があるケースに効果的です。

※メタトロン：ロシアで開発されたエントロピー測定機器。身体の細部にわたり周波数を測定することで心身のバランス状態を客観的に知ることができる。

心身ともにストレスを抱えがちなときには、茶色いはちみつに加えて、黒色のはちみつも非常に有効です。

　マレーシアのワイルドハニーという濃い茶色をした「夏のはちみつ」があります。これは糖度が高く、元気に動き回る人のエネルギー源にとてもいいはちみつです。また、毎日の肉体疲労が大きく、エネルギーが足りていない状態なのに課外活動があって、帰宅すると途端にぐったりしてしまう、こんな人にとてもおすすめです（前述したように中年男性にもおすすめ）。

　スティングレス・ビーのはちみつは子どもが運動する前後、大人なら運動する前後や肉体を少し酷使しすぎたときなどに、筋肉疲労の回復や即座にエネルギー源を補充したいときに最適です。

　そんなときには、**エネルギー代謝を一気に上げる炭酸と一緒に摂るのが断然おすすめ**です。マレーシアの糖度のあるスティングレス・ビーのはちみつを、炭酸で割って飲んでみてください。疲労の回復スピード度が早いことを体感できるでしょう。市販のスポーツドリンクの代わりに、お子さんの運動時に持たせてあげてください。またフィリピンのスティングレス・ビーのはちみつは、感染症の初期や体内でALEs（脂質由来のゴミ）などのゴミが生まれやすい状態の人にとても美味しく感じられるはちみつで、酸味があり個性的な味がします。

　一方で、「冬のはちみつ」が特に有効なのは血管系の炎症や詰まりです。「冬のはちみつ」として代表的なものとしては、ヘザー、マザーワート、栗やバックウィートなどがあります。

　ヘザーはお酒をよく飲む人、そして肝機能にダメージがある人、疲労困憊している人にもおすすめです。一方、栗のはちみつには苦みがあり、日々オーバーワークになりがちの人に美味しいと感じていただけるはちみつです。働き詰めの男性にもおすすめです。

　最近は男性だけでなく、女性も過酸化脂質の問題で血管に詰まりがある人がとても多いです。脳梗塞や高血圧の傾向がある人には、ヘザー、マザーワート、森の百花蜜といわれるフォレストのはちみつもおすすめです。

はちみつの色の意味を
知っておこう

色が持つバイブレーション（波動）とは何か

　すべての色とエネルギーには波動があります。たとえば、熱は赤色の周波数の波動（バイブレーション）を持っています。そして、青色はというと、冷えていく冷たいエネルギーの波動（バイブレーション）を持っています。波動は電子の動きに呼応しています。

はちみつのバイブレーション

　はちみつにも、赤と青のどちらか寄りのバイブレーションを持っている種類のものがあります。**バイブレーションとしては黒色が赤寄り、そして黄色を通って、白色が青寄りに対応します。**

　赤の極限（過剰）の状態は黒で、青の極限（過剰）の状態は白。とはいえ黒は極まると白に転じ、白もいつまでも白のままではありません。これは陰陽の世界のエネルギーの基本です。それでも、はちみつという物質の持つ黒と白のエネルギーはうまく活用できます（次頁図）。

　はちみつには大きく分けて黒色、茶色、黄色、白色の４色があります。

　黒と白の間にある茶色や黄色っぽい色を持つはちみつは、緑色と同じ波動のエネルギーになります。緑は赤と青の中間の色です。「**黄色や少し茶色っぽいはちみつは、真ん中の基礎代謝の色だな、みんなにとっての基本的なエネルギーの材料になるのだな**」というイメージでざっくり捉えておけばいいでしょう。

　黒っぽい色のはちみつは、赤側のエネルギーを持ちます。赤のバイブレーションは活発にものを生む色であり、活動の色です。そして同時に燃やしてしまうという波動の色でもあります。

　固まって動かない青いエネルギー状態のものは、冷えて抑制のある状態なので、もっと元気に動かして代謝し壊していかなければ、そこに再生の機会はありません。動いて壊していくためには、赤と黒、両方の波動の力が必要となります。

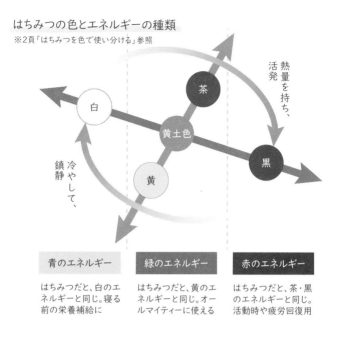

はちみつの色とエネルギーの種類
※2頁「はちみつを色で使い分ける」参照

白
茶
黄土色
黒
黄

熱量を持ち、活発

冷やして、鎮静

青のエネルギー	緑のエネルギー	赤のエネルギー
はちみつだと、白のエネルギーと同じ。寝る前の栄養補給に	はちみつだと、黄のエネルギーと同じ。オールマイティーに使える	はちみつだと、茶・黒のエネルギーと同じ。活動時や疲労回復用

臓器の機能低下には黒っぽいはちみつ

　すでに身体のあちこちが傷んでいて、ある臓器の機能がうまく働かない（どこかの臓器が機能障害を起こしている）という場合、黒っぽいはちみつが効果を発揮します。または「ちょっと消耗しすぎた」「なんだかがんばりすぎてしまった」というときにも、黒っぽいはちみつを食べることで活性へと揺さぶられます。

　この赤い色の周波の外側にある揺さぶる力、言葉を変えると、「黒い周波数の力」を持つ健康器具に、遠赤外線ライトがあります。遠赤のランプそのものには、実は赤い色はついていません。色がないというよりは、「可視光線＝色として認識できる波動」ですから、可視光線外である遠赤外線の波動を私たち人間の目では色として感知できないのです。

　遠赤外線ランプの色は認識できなくても、近くに手をやると熱さを感じます。この赤の波動は、熱を生むということです。

　少し難しくなりますが、**すべての生体反応に共鳴（反応）する周**

波数を持つのが可視光線の波動です。赤の先にある赤外線は、私たち人間には色として感知できません。つまり、本来体内での電気的な反応からは外れたもので、生体反応そのものとは共鳴（反応）しないのです。これは、青・紫の外側である紫外線も同様です（下図）。

可視光線と赤と青のエネルギー

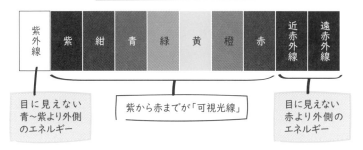

身体の組織萎縮や詰まりには赤色の揺さぶる力が有効

「赤」という周波は、生体内では細胞の再生や害のある細胞の自然な細胞死、代謝分解といったエネルギーを持ちます。誕生のエネルギーであり、エネルギーを生み熱を放散します。この赤の周波をさらに強くしたバイブレーションを持つのが、先ほどもお話しした赤の外の周波＝近赤外線・遠赤外線です。比喩的にたとえると、「硬いもの、物質、また固まって萎縮してしまったものを揺さぶる力」です。

テラヘルツ鉱石は遠赤外線に近い周波を放ちますが、これは、まさに揺さぶる力です。身体のあちこちに組織萎縮や詰まり、筋肉のコリなどができてしまったという人には、テラヘルツ鉱石や黒い石の波動の力を利用することが有効であることがイメージできるでしょうか。テラヘルツ鉱石を皮膚に乗せたり、水の中に入れると、直接的には感じられないかもしれませんが、その周囲は赤の外側の周波の影響を受けるのです。はちみつでいうなら、黒色っぽいはちみつが体内の塊や萎縮を除去する周波数の色として非常にいい働きをします。

炎症を鎮めたいなら白色の鎮静の力が有効

揺さぶる力とは逆に、白の色は静かにさせる、鎮静の力です。色

としては青の先の紫色の波動になります。赤色とは逆に、生命体には動きがないように誘導していく力です。赤が固まったものをほぐしていくなら、青紫は固めて凝縮させ動きを止めて鎮めていく波動の力です。「炎症のあるところを少し鎮めたい」「少し燃えすぎている状態を冷やしたい」という波動的効果を持ちます。活発な活動を止め、静かにするというエネルギーになります。**自律神経でいうところの、白は副交感神経の究極の状態**です。対して黒は交感神経の状態ですね。はちみつでいうなら、クローバー、カリー、ホワイトガムや白いリンデンなどになります。

実行するのに必要なエネルギーは「はちみつ」で

　ここで最も重要なのは、**燃やして壊すのにも冷やして鎮静させるのにも、どちらにしても実行するエネルギーが必要**だということです。鎮静で動きがないのはエネルギーを必要としないわけではありません。ここで少し想像してみてください。バタバタと動くものを抑えるとき、力を使いますよね。押さえ込んだあとにこっちもぐったりと疲れてしまうのは、経験からも想像しやすいでしょう。眠るという行為も、鎮めるのにも、エネルギーがなければうまくいかないのです。ですから、エネルギーという意味では、やはりクリーンな ATP を生み出す「糖」という材料が必要になります。ここでゴミを出してわざわざ無駄なエネルギー消耗はしたくありませんからね。

　そして、**「糖によって生み出されるエネルギー」を活性（赤）と鎮静（青）のどちらの方向性のバイブレーションで使うのか、それがはちみつの色によって決められる**のです。

　さらに波動的な力を味方につけるのならば、はちみつと一緒に、それぞれに共鳴する波動を放つ鉱石水を飲む、または身体や臓器の状態にあわせた周波数色のアクセサリーを身につけることも試してみるといいでしょう。自然療法を同時に波動的な視点で捉えて取り入れることは、目指したい方向性へと身体の状態を導く際に、大きな助けになります。

　この「色が表す周波数のバイブレーション」を理解し、さまざまなものを横断的に同じグループでまとめて考えられるようになると、食べ物やハーブ、精油などの選び方もダイナミックに変わっていきます。わざわざお互いの力を相殺させてしまう選び方もしなくなるのです。

白・黄・茶・黒、
4色の使い分け方

こんなときは、このはちみつ

簡単に4色を使い分けると、下表のようになります。

色	こんなときに
白色	寝るときもしくは慢性疲労症候群で元気がないとき
黄色	日中、平常の活動時
茶色・黒色	忙しく活動的な毎日をすごしている、働き詰めのとき

　基本的には、口にしてみて「あ、美味しいな」と思うものを、ぜひ試してみることです。

　次に味の傾向で見てみると、下表のようになります。

色	風味・味
白色	プレーンであまり味がなく、ただ甘さをしっかり感じる風味
黄色	味わいがあって、普通の「はちみつ」に近い風味
茶色・黒色	風味にクセがあり、好き嫌いが分かれやすく、あまり美味しいと感じないものもある

はちみつ療法のはじめ方

　はちみつ療法を取り入れてみたい人は、次頁図の流れに沿ってはちみつの色を意識してみてください。

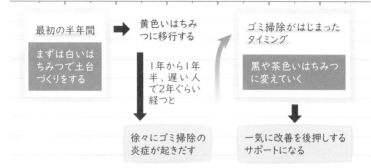

最初の半年間

まずは白いは
ちみつで土台
づくりをする

➡ 黄色いはちみ
つに移行する

1年から1年
半、遅い人
で2年ぐらい
経つと

ゴミ掃除がはじまった
タイミング

黒や茶色いはちみつ
に変えていく

徐々にゴミ掃除の
炎症が起きだす

一気に改善を後押しする
サポートになる

　エネルギー代謝の問題が改善したら、次はどんなはちみつを摂ればいいのかというと、そこからは頭で考えすぎずに、自分の好みのものを好きなように食べるようにしてください。

人によって変わる感覚の違いを　　　　　　　　　　感じてみよう

　同じはちみつを食べても、「私はこれが美味しかった！」「いや私は美味しくなかった」と、好みは人によって分かれます。家族や周囲の人などと、感覚の違いをシェアしてみるのも発見があって楽しいかもしれません。どんな人も、身体の組成や体質、体調が違うので、みんながみんな同じ反応ではないということを知ることができるのは興味深いです。

　自分がいいと思ったものが同じくほかの人にもいいとはかぎらないので、他者にすすめるときには注意が必要です。

　もしあなたが、子どもや家族の面倒を見る立場にある場合、または療法家やセラピストで複数名のクライアントの相談に乗る場合には、自分の体感として「このはちみつはこんな味だったよ」とシェアするのはいいと思いますが、目の前にいる人たちが同じように感じたり、その効能を感じるかどうかはわからないのです。

　これははちみつにかぎった話ではなく、さまざまな食べ物やハーブ・精油といった植物療法など、何においてもいえることです。巷に溢れる流行りの健康補助食品、サプリメントも同じです。

05 はちみつを食べる際の注意点

❶はちみつの品質に注意する

　ここで再度注意してほしいのが、一般的なマーケットに売られているはちみつには、あまり積極的に食べてほしくない品質のものが溢れているということです。

　選択を間違えたはちみつを食べ続けると、農薬やメチルグリオキサールをはじめとする炎症ゴミを体内に余計に溜めることになります。せっかく身体の代謝を上げるために単糖を摂っているのに、同時にゴミを増やしてエネルギーを消耗してしまっては元も子もありません。

　そうした間違ったはちみつを食べることによって、「糖を摂ったら病態が悪化してしまった！」というような言い方をされるのです。そして巷でいわれているように「やっぱり甘いもの（とひと括り）は身体によくないんだね」という風潮になっているのは、本当に残念です（3時限目「02「糖」にもいろいろある」参照）。

❷良質の糖を摂ることによる一時的な体調不良を理解しておく

　6時限目「07 糖を摂りはじめると変化が起きる」でもお伝えしたとおり、代謝が上がってエネルギーが増えてくると、今まで処理できずに溜めてきた身体の中のゴミ掃除がはじまります。その際、一時的に体調が不安定になることがありますが、心配はいりません。エネルギー量が徐々に増えてゴミの処理が終わるか、または代謝力が上がることで炎症ではないゴミの処理が可能になってくると、そうした不調も自然と治まっていきます。心配せずにもうしばらくはちみつを摂り続けてクリーンなエネルギーで代謝を上げていきましょう。

　糖を摂りすぎることによって、将来的に何か症状の問題が出る

ことはほとんどありません。もし問題があるとすれば、少し中性脂肪として貯められることです。ただ、これは本当に大量に（1日に黒糖や砂糖を250g以上）摂った場合にかぎられます。もちろん、ここで脂質の同時摂取をやめなければ、脂質の作用で当然太ります。

❸調理油などの不飽和脂肪酸の摂りすぎに注意

たとえばバターを摂りすぎているのであれば、その余剰分は中性脂肪として蓄えられてしまいます。ただその場合、中性脂肪は飽和脂肪酸をメインにつくられるため、健康的なおデブちゃんになるだけで病態になるような弊害はありません。

しかし飽和脂肪酸ではなく、植物油脂が原料の加工調理油となると不飽和脂肪酸がその組成の主役になります。**不飽和脂肪酸を摂りすぎると、脂質代謝が滞っている現代人の多くは、体内に炎症ゴミが増え続ける**ということはすでにお話ししましたね。

こういった油の組成の分類をせずに、ただ「油を摂りすぎると健康じゃなくなるよ」という言い方がされていますが、そうではありません。**飽和脂肪酸なのか不飽和脂肪酸なのかによって、将来の健康度が劇的に大きく影響する**のです。

❹糖のコンビネーションを意識する

また糖に関しても、ブドウ糖がいいからといってブドウ糖だけを単体で摂る人がいますが、実際には不飽和脂肪酸が体内で悪さをしているところにブドウ糖だけ投入しても、うまく代謝できずに血糖値が上がるだけで、あまり糖代謝の改善の助けにはならないので注意してください。

繰り返しになりますが、あくまでも**果糖（フルクトース）とブドウ糖（グルコース）のコンビネーションが大事**なのです（6時限目「03 糖尿病は糖のエネルギー代謝を正常に戻せばいい」参照）。

10 時限目

はちみつの
処方箋

RECIPE

10 時限目では、はちみつをそのまま食べるだけではなく、飲み物に混ぜたり、おやつにして楽しむ方法、また、顔や全身のスキンケアへの使い方をご紹介します。はちみつをもっと手軽に毎日の生活に取り入れて、エネルギーも豊かにしていきましょう。

$\boxed{01}$ 生活編

❶ ドリンク

　はちみつをおすすめしていると、はちみつをそのまま口に入れて食べるのが苦手という人も結構います。そういう人は、はちみつ水にしてちょこちょこ飲む、炭酸で割る、果物ジュースやスムージーに入れる、ヨーグルトに混ぜるといったことを試してみると、さらに美味しく摂りやすくなります。運動するときや肉体疲労時におすすめなのは、はちみつレモンの炭酸割りです。ジンジャーや大根、セイロンシナモンなどを漬け込むことで、より効果的に、疾患にアプローチできるコンビネーションもあります。疾患自体に最適なはちみつを選び、そこにハーブなどの食養生の素材を掛けあわせて自然療法の杖として、ぜひ活用してみてください。

❷ クッキング

　毎日のお料理の仕上げに、隠し味のひとつとしても活用できます。カレーやシチュー、漬け込んでオーブンで焼くだけの調味料としても私はよく利用しています。

❸ スキンケア(02 美容編参照)

　合成界面活性剤は、肌の天然保湿成分（NMF※）を破壊して水分を保持できない状態へ導いてしまいます。もしあなたの肌が、合成界面活性剤入りの化粧品で水分を保持しにくい乾燥肌になってしまっているのなら、蒸留水（ハーブウォーター）または界面活性剤が入っていない化粧水に、少しのはちみつを混ぜてスキンケアに使ってみてください。はちみつは天然の保湿材です。グリセリン（糖）同様に、水を引っ張り留める作用があります。スキンケアに使うときも、農薬や抗生剤が入っていない、安全なはちみつを使ってくださいね。

※ NMF：ナチュラル・モイスチュアライジング・ファクター（天然保湿因子）。

はちみつレモン（水）

どんなときにも手軽に糖補給！

あらゆるときに役立つ万能ドリンク！

　はちみつをそのまま食べることが苦手な人や、日中ちょこちょこエネルギー補給をしたい人は、水やお湯に溶かして摂るのが1番手軽です。アップルビネガーやレモン汁、または生姜の絞り汁などを風味づけとして混ぜると、天然のスポーツドリンクになります。安心で安全なスポーツドリンクで、糖もミネラルも同時に補給してみてはいかがでしょうか。

【材料】はちみつレモン
はちみつ：150グラム
レモン：2個
【つくり方】
❶レモンを洗い、水気を拭き取る
❷おろし金などで皮に傷をつけてから薄くスライスし、種を取り除く
❸煮沸したガラス瓶に❷を入れ、レモンが浸るまではちみつを加える（瓶の大きさによってはちみつの量を変える）
❹蓋をして冷蔵庫でひと晩置いたら完成。ときどき瓶の上下を返してあげるとよく混ざる

【材料・1杯分】はちみつレモン水
【つくり方】
❶はちみつレモン（大さじ1）にお湯（200cc）を注いで混ぜる
❷はちみつ漬けになったレモンを乗せる
※冬はホットで、夏は炭酸割り（次頁参照）にしても美味しい

※レシピで使う野菜や果物は、てきれば無農薬のものを使う。

ドリンク処方箋

はちみつソーダ水

ATP 生産の促進をブースト！

このドリンクの特徴

　細胞てエネルギーをつくるとき、糖と塩（ミネラル）が主役になります。そこに炭酸があれば、酸素の供給にも一役買うので鬼に金棒です。たくさんのエネルギーが供給されます。

炭酸水を使ってもいい

　市販の炭酸水を重曹とクエン酸、または重曹とレモンの搾り汁に置き換えてもかまいません。また、仕上げにレモンの皮を入れると効果はますますアップします。自然栽培（ここは重要！）のレモンの皮をおろし金のようなものでさっと削って入れます。

味の好みが分かれるのでいろいろ試してみる

　このレシピは人によっては美味しくないと感じる人もいるので、どんなはちみつを入れたら自分にとって美味しく感じるか、いろいろと試してみるところから楽しんでみてください。

【材料・1 杯分】
はちみつ（黒っぽいものがおすすめ）：大さじ 2
炭酸水：500ml（水：500ml に重曹：小さじ 1/2 でも OK）
レモン汁：好みの量　　塩：好みの量
【つくり方】
❶大きめのグラスにぬるま湯を入れてはちみつを溶かす
❷❶に重曹とレモン汁と水を入れる（炭酸水でも可。お好みで氷を入れても OK）
❸塩を入れてよくかき混ぜたらてきあがり

はちみつニンジンジュース

エネルギーの火つけ役。特に朝に効果的

オレンジ色は身体を活性化させる

ニンジンジュースはとてもおすすめです。ニンジンに含まれるカロチンはエネルギー生産を促す力を持っています。オレンジ色のものは火のエレメントに属します。少し聞き慣れないかもしれませんが、私たちの代謝を上げ、身体を活性化させる電気的なバイブレーションを持っています。それゆえオレンジ色のジュースを飲むことによって、細胞レベルで活力の増幅を促すことができるのです。もちろん、指令を実行するエネルギーである糖がその場にないと意味がありません。

前日の疲れが残ったときに効果的

前日の疲れが取れず、朝起きてもまだ疲労感が残っていたり、飲みすぎた日の翌朝、またもう少し元気がほしい！　といったときにも重宝します。

ニンジンとオレンジのミックスジュースにはちみつを垂らし、レモンを少し搾ったり、もしくはレモンの皮をすりおろしたものを少量入れることで、そのとき必要なエネルギーの火つけ役として働いてくれます。

オランジェットというお菓子もすごい

ヨーロッパではオランジェットという、オレンジの皮の砂糖漬けを本物のチョコレート（カカオバター）でコーティングしたお菓子があり、昔から人々に愛されています。これは本当によく考えられたおやつだと思います。成分的にエネルギー生産を底上げします。

色のバイブレーションの話はすでに触れましたが、黄色やオレ

10時限目

はちみつの処方箋

ンジ色の食べ物は、陰陽の視点で見ると陽の活性の周波を持っていて、エネルギーブースターとなる力があるのです。もちろんはちみつは、黄色とオレンジそのもののゴールデンカラー（9時限目「02 まずは白いはちみつからはじめてみよう」オーストラリア産の黄色いはちみつの項参照）でもありますね。

毎日1杯飲む

はちみつニンジンジュースは、「毎日の代謝を、少しずつでもいいから上げていきたい」という人や、「がんかもしれない」という不安がある人にもいいでしょう。

はちみつニンジンジュースは朝1杯で十分です。「これがいい」と聞くと、朝から晩まで同じものを飲み続ける人がいますが、それはおすすめしません。何事もやりすぎはよくないのです。過剰摂取で引き起こされる問題もあるので、ニンジンもほどほどに取り入れるくらいが、ちょうどいいでしょう。

【材料・1杯分】
ニンジン：中1本
オレンジ（もしくはみかん）：1個
レモン汁（もしくはレモンの皮を下ろしたもの）：小さじ1
はちみつ：大さじ2
【つくり方】
❶オレンジ（みかん）の皮を剥いておく
❷ニンジンは皮を剥いて乱切りにしておく
❸❶と❷、レモン汁とはちみつをジューサーかブレンダーに入れて、スムージーくらいの液体状に混ざったらできあがり

自家製ハニージンジャーシロップ

ジンジャーとの相性のよさは抜群！

はちみつとジンジャーのコンビネーションもすごい

はちみつはそのものがエネルギー原料で、かつ元気のブースターです。そこにジンジャーの薬効成分が加わることで、さまざまな不調に活用できる自然療法の要になります。

リウマチや変形関節症の慢性的な痛みに

ジンジャーに含まれるジンゲロールは抗炎症化合物で、リウマチや変形関節症の慢性的な痛みを緩和したり、動きを改善するためのサポーターになります。ジンゲロールが慢性的な炎症に関わる免疫機能を調整してくれることによって、強力な抗炎症と抗酸化作用があることが研究で明らかになっています。また、身体が放出する炎症性の物質の一種（ロイコトリエン）を抑える効果もあるということもわかっています。

生理のときにもおすすめ

抗痙攣作用と抗炎症作用もあり、PUFA（多価不飽和脂肪酸）やエストロゲン過剰によって起こる生理痛の緩和にも役立ちます。生理痛がひどいときは、生のジンジャーを1gくらいすりおろして、はちみつに混ぜてホットドリンクにして飲みます。生理中の3日間、ぜひ試してみてください。

生のジンジャーを食べる

ジンゲロールは熱にも強いことはわかっていますが、生の状態が最も効果があります。生のジンジャーをスライスにしてはちみつに漬け、毎日1スライス、お湯と一緒に食べるのもいいでしょう。

濃厚なジンジャーエールが飲みたい

濃厚なハニージンジャーエールにしたいときは、お好みのはちみつをもうひとすくい足してみてくだい。

もし下記のシロップづくりが面倒な人は、スライスしたジンジャーをはちみつに浸して、翌日からジンジャースライスとはちみつを一緒にお湯に溶かして、ホットジンジャーで楽しむのもいいでしょう。

【材料・5杯分】

[シロップ]

　生姜：200g

　黒糖：180g

　ブラックペッパー：10粒　　カルダモン：8粒 Ⓐ

　シナモンスティック：1本　クローブ：8粒　水：300ml

　レモン：1個

　はちみつ：お好みの量

　ミントの葉：お好みで

【つくり方】

❶生姜を皮ごと薄くスライスする

❷生姜に黒糖をまぶして8時間くらいおいて生姜から水分を出す

❸❷とⒶを鍋に入れ中火で沸騰するまで煮込む

❹沸騰したらさらに弱火で20分煮込む

❺❹にレモン（スライス分を残しておく）を加えてひと煮立ちしたら火を止めて冷まし、ザルで濾したらシロップのできあがり

❻ミントとレモンスライスをグラスに入れ少し潰してから、❺にはちみつをお好みの量加え、シロップを炭酸水などで割ったらできあがり

抹茶ハニー

目覚めをスッキリさせる。二日酔いの朝にも

目覚めがよくないときのおすすめドリンク

朝の目覚めがよくないときに、コーヒーが飲みたくなることはありませんか？　私はときどきあります。朝起きて、しばらくしたらまずは果物を食べてホッとする。そして「さぁコーヒーを飲もう」といった気分になります。コーヒーを飲んでもまだスッキリ目が覚めなかったら、抹茶ハニーがおすすめです。自然農法の抹茶が手に入るのであれば、ぜひ購入しておいてください。二日酔いにも効果があるので、二日酔いの朝にもおすすめします。

コーヒーを飲んでもダメなら抹茶ハニー

シンガポールは常夏なので、私は冷たいものを飲みますが、四季のあるところにお住まいの人は、お好みで温かくするなどアレンジしてみてください。コーヒーとはまた全然違う感覚で目が覚めます。しかも苦味がないのでとても爽やかです。

【材料・1杯分】
はちみつ：大さじ1　　水：グラス半分
自然農法の抹茶：小さじ1
【つくり方】
❶グラス半分の水に自然農法の抹茶を小さじ1入れる
❷❶にレザーウッドのはちみつを入れる
❸抹茶用の茶筅のようなものでシャカシャカとまぜたり、氷も一緒に入れてブレンダーやシェイカーで混ぜたらできあがり

10時限目

はちみつの処方箋

カカオハニー
夜の空腹感を解消

夜にお腹が空いたときのおすすめドリンク

夜なのにお腹がペコペコに空いている、でも炭水化物や残り物などを食べる気分ではないというときはありませんか？

私はそんなときには、カカオパウダーとお湯を混ぜて、そこにはちみつとバターをひとかけ入れて飲むのが好きです。バターを入れることで空腹感が一気に落ち着きます。

バターが太るかなと気になる人は

太るのが気になる人はバターは入れずに、カカオパウダーとはちみつだけでも美味しいですし、そこにシナモンを少し振ってみるのもおすすめです。

【材料・1 杯分】
はちみつ：大さじ 1 ～ 2
お湯：コーヒーカップ 1
カカオパウダー：大さじ 1 ～ 2
バター：小さじ 1
セイロンシナモンパウダー：少々（お好みで）
【つくり方】
❶コーヒーカップにお湯とカカオパウダーを入れてよく溶かす
❷❶にバターとはちみつを入れてかき混ぜる
❸お好みでシナモンパウダーを振ってできあがり

ハニーフルーツ

クリーンなエネルギーブースター

とても簡単で頼もしい朝のメニュー

インスタグラムなどでもよく投稿しているのですが、私の朝食はハニーフルーツ（フルーツにはちみつを和えたもの）、もしくはハニーフルーツのジュース（フルーツジュースにはちみつを入れたもの）です。シンプルに熟れた旬の果物をカットして、はちみつを和えてレモンを搾ったりして食べています。これだけで午後のおやつにもなりますし、消化のためのエネルギー補充用として、食後にもハニーフルーツをほぼ毎日食べています。昔から、食事のあとに季節の果物が出てくるのにも意味があるのです。

便秘なら種が入っているフルーツにはちみつ

私は、朝、排便があるのがいいと思うので、朝食にはあえてシード（種）が入っているフルーツ、たとえばドラゴンフルーツなどにマリーのはちみつをかけて食べています。これだけで代謝が上がります。排便トラブルで困っている人は、種が入っているフルーツにはちみつをたっぷりつけて食べることをおすすめします。

キウイなども悪くないと思いますが、選ぶなら必ず熟れているものにしてください。ゴールデンキウイがオススメです。ただし、種があるといっても農薬の問題があるイチゴはおすすめできません。

チアシードもおすすめ

小さじ１杯のチアシードを少し水でふやかして、それをはちみつと一緒に食べる方法もおすすめです。チアシード自体はオメガ３を含んでいますが、すり潰されていなければオメガ３の流出はほとんどありません。種は身体にとって害になるので、その

まま便に混じって排出されます。

　日本へ出張に行くと、移動などでストレスが倍増するうえ、シンガポールで毎日食べているレッドドラゴンフルーツも食べられません。そのため、便秘対策として、水で戻したチアシードをはちみつと一緒に摂ったり、プルーンなどのドライフルーツを3粒ぐらいお湯に浸してふやかしたものを食べています。

はちみつに含まれるグルコン酸の調整

　はちみつに含まれるグルコン酸は、腸内細菌叢のバランス調整に一役買います。便秘にも下痢にも効果があります。ひとつ注意しておきたいのは、皮膚の状態が悪い人やリーキーガットがある人にとって、白いハニーデューは避けたほうがいいはちみつだということです。

　ハニーデューはオリゴ糖の含有量が比較的多く、オリゴ糖が、増えてほしくない細菌の餌になってしまう可能性があるからです。リーキーガットのある人は、腸内にエンドトキシンという細菌毒（内毒素）が入りやすく、これが炎症の引き金になりかねません。

　過去にステロイドを常用していたような背景のある人は、ハニーデューのようなオリゴ糖含有の多いはちみつの摂取には注意が必要です。また豆乳やソイプロテインといった消化管の粘膜を弱体化させるような飲み物を常用している人も要注意です。

【材料】
お好みのフルーツ（便秘の人は種が入っているもの）：適量
はちみつ：適量
【つくり方】
❶お好みのフルーツを食べやすい大きさにカットして盛る
❷はちみつをたっぷりかけたらできあがり

桃のカプレーゼはちみつがけ

単糖と飽和脂肪酸のコンビは抗ストレス剤になる

心身のストレスからの回復に！

　ストレスを感じると、身体はそのストレスに対処する分のエネルギーを確保しようとする反応が起こります。ストレスに対処するために副腎から分泌されるアドレナリンやコルチゾールは糖を必要とするので、より多くのエネルギー源を準備することで、ストレスによって起こる身体のダメージを防ぐことができます。

単糖と飽和脂肪酸で炎症ゴミを出さない

　コルチゾールによる中性脂肪の分解は、下手をすると抱えていた不飽和脂肪酸を血中へ放り出すことになります。本文中でお話ししてきたように、現代人は、特に健康に気を遣っている人ほどPUFA（多価不飽和脂肪酸）を抱えています。フルーツとはちみつで単糖を準備し、チーズに含まれる飽和脂肪酸でエネルギー源をバックアップしましょう！

【材料・2人前】
桃：1個
モッツァレラチーズ：60g
［ドレッシング］
白ワインビネガー：小さじ1　　レモン汁：少々
塩・胡椒：適量　　　　　　　　はちみつ：適量　　Ⓐ
【つくり方】
❶Ⓐを混ぜてドレッシングをつくっておく
❷桃は櫛形に、モッツァレラチーズは桃にあわせた形に切る
❸皿に❷を並べて❶のドレッシングをかけたらできあがり

焼きリンゴシナモンハニー

ワクチン時代に打ち勝つおやつ

はちみつとシナモンのコンビネーションがすごい

　シナモンのパワフルな薬効成分は古い時代から頼りにされてきました。特に現代人の問題である脂肪酸のトラブルには非常に有効に働きます。心臓、血管の詰まりの改善を促し、血圧の調整や心筋梗塞などの症状を緩和することはさまざまな研究でも明らかになっており、ワクチン時代の今、非常に頼りになるスパイスです。

　はちみつとシナモンのコンビネーションで効果倍増。大さじ1杯のはちみつに小さじ半分ほどのシナモンを混ぜ込んで、グリルしたリンゴにかけると美味しいおやつにもなります。

　リンゴの栄養価は皮にあります。そして毒性は芯に。ですから中心の芯の部分だけをくり抜いてオーブンで焼いたり、炊飯器や鍋で熱を加えてください。リンゴは熱を加えることでペクチンという成分が9倍ほども増幅し、体内の電子の流れを促進します。

【材料】

リンゴ：1個

バター：10g

シナモンハニー：大さじ1

※はちみつの種類が「シナモンハニー」でない場合は、はちみつ大さじ1にセイロンシナモンパウダーを少々混ぜる

【つくり方】

❶リンゴを縦に16等分にし芯を取る

❷フライパンにバターを熱しリンゴを並べる

❸お好みの食感になるまで両面あわせて5〜10分くらい焼く

❹シナモンハニーを絡めたらできあがり

キャロットアップルビネガーハニーラペ

ニンジンの活性力と腸内のお掃除力

腸の健康のために毎日摂りたい

　ニンジンはジュースだけでなく、キャロットラペといって、細く千切りにしたニンジンにビネガーとはちみつを加えてマリネにするという調理法があります。これもすごくいいコンビネーションとなってくれます。189頁の「はちみつニンジンジュース」のところでお話ししたようにエネルギー生産を活性する頼もしい元気のサポーターです。また、ラペは腸粘膜がリーキーガットを起こしていて細菌のエンドトキシン（内毒素）による炎症を患っている人にも強い味方となってくれます。腸の健康のためにも、毎日の糖の摂取のためにも、ちょっとした前菜の一皿に取り入れてみてください。

【材料・2人前】
ニンジン：中1本
粒マスタード：小さじ1　　　塩：小さじ1/2
オールスパイス：少々（なければクミンパウダー）
アップルビネガーハニー：大さじ1
※なければ、アップルビネガー大さじ1にはちみつを適量混ぜる
【つくり方】
❶ニンジンは皮を剥いてチーズグレーター（チーズを削るおろし器）でおろす（なければスライサーや包丁で千切りに）
❷粒マスタードと塩を混ぜあわせる
❸❷にオールスパイス、アップルビネガーハニーを加えてよく混ぜる
❹❶のニンジンに❸を和えたらできあがり

10時限目

はちみつの処方箋

野菜のアップルビネガーマリネ
生野菜はマリネで活性!

生野菜をそのまま食べるのはおすすめしていない

　植物には、それ自体に強い毒性を持つものが多いので、特に緑色をした野菜は代謝を落とし、結果として身体を冷やします。野菜は基本的には熱を加えるか、マリネしてその毒性を弱めましょう。アップルビネガーは、生体反応のスイッチをオンにする作用を持っています。またバジルなどのハーブやスパイスは美味しさだけでなく、野菜の持つ冷えた性質を相殺してくれます。

　バジルのほかにも、青紫蘇や白髪ネギなどの薬味もよくあいます。冷蔵庫で冷やしてから食べると味がしみて、さらに美味しくなります。

【材料・4人前】　　　［調味料］

ナス:3個　　　　　おろしニンニク:1かけ

トマト:2個　　　　おろし生姜:小さじ1

キュウリ:2本　　　醤油:大さじ1　　味噌:大さじ1

バジル:適宜　　　　塩:小さじ1/2

オールスパイス:少々（なければクミンパウダー）

アップルビネガーハニー※:大さじ1と1/2

【つくり方】

❶ ナスは1cmくらいの乱切り、トマトとキュウリも乱切りにしてココナッツオイルなどで炒めておく

❷ ボウルにⒶを入れてよく混ぜあわせる

❸ ❷にオールスパイス、アップルビネガーハニーを加えてよく混ぜる

❹ ❶と❸を混ぜあわせてバジルを散らしたらできあがり

※アップルビネガーハニー:なければ、アップルビネガー大さじ1にはちみつを適量混ぜる。

フルーツヨーグルトはちみつがけ

はちみつと乳脂肪でパワータンク！

驚異のヨーグルトパワー

　フルーツとはちみつだけでも、十分にエネルギー生産をブーストしますが、ここにヨーグルトが加わると、生み出すエネルギーの量は格段に増えます。ヨーグルトは乳脂肪で、飽和脂肪酸の宝庫です。酸化の心配がありません。ついでに、お腹の細菌たちの調整にも一役かうので、一石二鳥です。

ヨーグルトにもこだわってみる

　もし手に入るなら、羊のヨーグルトやギリシャヨーグルトなど酸味の少ないものがおすすめです。

フルーツは無農薬のものを選ぶ

　シンガポールではマンゴーやレッドドラゴンフルーツが手に入りますが、日本では旬の熟れたフルーツで、無農薬のものを選びましょう。

【材料・2人前】
ヨーグルト：200g
季節のフルーツ：2種類
はちみつ：大さじ4〜
【つくり方】
❶ボウルにヨーグルトと熟れた旬のフルーツをカットして盛りつける
❷お好みのはちみつをたっぷりかけてできあがり

生クリームはちみつがけコーヒーゼリー

エネルギーをチャージして、ストレスに打ち勝つ

カフェインはストレスに打ち勝つ強い味方

　カフェインは健康を損なうものとして嫌われがちですが、実際は糖と一緒に摂ることで細胞とミトコンドリアの活性を促します。特に、PUFA（多価不飽和脂肪酸）の問題を抱えている現代人にとっては、代謝改善の特効薬といえるかもしれません。

　6時限目「04 ストレスを感じたときに身体の中で起きること」でお話ししたように、エネルギーが枯渇すると、まず血糖値を上昇させ、その後、体内の脂肪酸とアミノ酸を溶かしてエネルギーの材料にします。ストレスでこの状態が続いている人に、身体の破壊を止められるようにカフェインと糖でエネルギー生産を増やし、ゼリー（コラーゲン）と生クリーム（飽和脂肪酸）でバックアップしておくのです。フライトの前後や極度のストレスを抱えたときに、私が最も頼りにしているレシピのひとつです。

【材料・2人分】

コーヒー（豆から挽いたコーヒーがおすすめ）：400cc

ゼラチン：5g 　　　　黒糖：20g〜30g

生クリーム：100cc 　　はちみつ：大さじ3〜

【つくり方】

❶コーヒーを鍋に入れ、ゼラチンを加えてかき混ぜる

❷❶に黒糖を入れて中火で2分ほど煮立てる

❸❷をお好みのグラスに流し入れ、冷蔵庫で冷やして固める

❹生クリームとはちみつをボウルに入れ、氷水をあてながら八分立てにする

❺❸が固まったら❹を盛りつけててきあがり

揚げない大学芋

植物油脂を使わずカリッと美味しい！

簡単にすぐできる！　ちょっとしたおやつに

　不飽和脂肪酸である植物油脂を使った揚げ物をおすすめしない理由は、6時限目「05 PUFA（多価不飽和脂肪酸）と慢性疲労」でお話ししました。ですが、大学芋はみんなが大好きなおやつですよね。

　さつまいもそのものが、腹持ちのいい糖質です。小腹が空いたときのちょっとした軽食にうってつけです。

　美味しく大学芋をつくるには、揚げずに、まずは蒸してオーブンでカリッと焦げ目をつけましょう。ここに、はちみつを和えて煎った黒ごまを振りかけるだけで、十分に美味しい大学芋のできあがりです。フライパンで熱するときは、焦がしすぎないように注意してくださいね。

```
【材料】
さつまいも：2〜3本（400g）　　　はちみつ：大さじ3
醤油：大さじ1　　　水：大さじ1　　　塩：ひとつまみ Ⓐ
黒ごま：適量
【つくり方】
❶Ⓐを混ぜておく
❷さつまいもはよく洗い、皮つきのまま乱切りにして水にさらす
❸さつまいもを蒸してからオーブン（200度）で5分焼く
❹フライパンで❶を弱火で熱し、❷のさつまいもとはちみつ
　を加える
❹全体に混ぜあわせ、とろみがついたら火を止める
❺黒ごまを振りかけて和えたらできあがり
```

本格ハニーチャーシュー

不飽和脂肪酸度の高いポークの活かし方

はちみつで調理すると糖代謝の邪魔をしなくなる

飼育されているほとんどの豚は、多価不飽和脂肪酸がたっぷり含まれた飼料を食べています。豚肉を調理するときは、この不飽和度の高い脂肪酸を安心な状態に変えましょう。高温でのオーブン調理＋はちみつで、PUFAによる毒性はかなり低くなります。

【材料・4人分】

豚肩ロース（ブロックを紐で結んでおく）：500g

はちみつ：適量

［つけダレ］Ⓐ

ニンニク（潰す）：1かけ　　　生姜の皮：1かけ

黒糖：50g　　　　　　　　　　醤油：35cc

海鮮醤（or 甜麺醤）：15g　　　芝麻醤（or 練りごま）：7g
かいせんじゃん　てんめんじゃん　　　　ちーまーじゃん

塩・紹興酒（or 日本酒）：大さじ1/2

【つくり方】

❶Ⓐをすべて混ぜあわせて、つけダレをつくる

❷豚肉を❶に4時間からひと晩漬けてもむ

❸オーブンを200度に予熱する

❹水を張った天板の上に焼き網をセットして漬け込んだ豚肉を乗せる

❺オーブン（200度）で10分から15分焼く

❻取り出してつけダレにもう一度くぐらせてから200度で10分焼く

❼はちみつを塗ってさらに200度で10分焼く

❽取り出してさらにはちみつを適量塗ったらできあがり

ハニーソース骨つきチキン

タンパク源は単糖と一緒に！

鶏肉もしっかり選ぶ

野菜や果物だけでなく、肉もこだわりましょう。鶏肉はハーブを食べて育った抗生剤の投与のないものがおすすめです。

【材料・2人前】
［チキン用］
骨つきチキン：2本
塩：小さじ 1/2 ┐
てんさい糖：小さじ 1/4 ┘Ⓐ
潰したニンニク：少々

［ソース］
醤油：大さじ 2
マスタード：小さじ 1/2
レモン汁：大さじ 1 ┐Ⓑ
ニンニクみじん切り：少々
塩・コショウ：適量
はちみつ：大さじ 1

【つくり方】
❶骨つきチキンにⒶをまぶして3時間置いておく
❷潰したニンニクと❶のチキンをフライパンで皮目を8分間焼き、裏がえして2分間焼く
❸Ⓑと❷のフライパンの肉汁を入れて混ぜ、最後にはちみつを入れる
❹❷をオーブン（200度）で25分間焼いたらできあがり（肉の厚みとオーブンのクセを見て焼きあげる）

ふわふわ米粉パンケーキ

子どもにも安心！ 小麦粉を使わないおやつ

小麦粉は使わないで米粉を使うという選択もあり

家族で安心して食べられる品質の小麦粉はなかなか手に入りません。小麦粉そのものがリーキーガットを起こしやすく、内毒素の侵入をより促進させてしまい、アレルギー反応の過敏症や炎症の火種になりかねません。

米粉も諸手を挙げて安心とはいえませんが、最近ではお米から自分で米粉をつくる方法もインターネットなどでよく見かけるので参考にしてみてはいかがでしょう。

【材料・4枚分（直径10cm）】

米粉：100g　アルミフリーのベーキングパウダー：小さじ1

牛乳：100g　甘酒（濃縮タイプ）：50g

バター：適量　　はちみつ：滴量　　塩：ひとつまみ

【つくり方】

❶ボウルに米粉とベーキングパウダーを混ぜる

❷❶に甘酒、塩、牛乳の順に入れて混ぜあわせる

❸なめらかになってツヤが出てきたら、ラップをして20分冷蔵庫で寝かせる

❹フライパンを火にかけて温まったら火を止めて、バターを落とし、生地を流し込んで弱めの中火にかける

❺泡がフツフツと出はじめ、いくつか残るようになったらひっくり返す

❻ふわふわにふくらんだら皿に取り、お好みでバターとはちみつをかけたらできあがり

はちみつ大根

大根の薬効にはちみつが味方する！

風邪のひきはじめや喉の痛み、咳の緩和などに

　大根の薬効成分に、イソチオシアネートという物質があります。この辛味成分であるイソチオシアネートは、細胞のストレスを緩和させ、電子の動きを活発化することで白血球を活性化します。細胞が動けなくなっている還元の状態を開放し、エネルギーを増やして炎症をおさめたり、過剰に増えた細菌の処理をして病態の悪化を防ぎます。

　大根のおろし汁には消炎効果があり、咳止めや痰を切る効果もあります。はちみつとともに摂ることで、風邪のひきはじめや、喉の痛み、咳の緩和などに効果的です。

　咽頭痛や咳が続くときには、まめに飲むようにしましょう。

【材料】
大根：100g
はちみつ：大さじ3
【つくり方】
❶大根の皮をむき、1cm角に切ったものを煮沸したガラス瓶などの密閉容器に入れる
❷❶の上からはちみつをひたひたになるくらいまでかける
❸半日くらいで大根の水分が出てくるので、そのシロップを大さじ1杯すくってそのままか同量の水で割って飲む
❹1週間くらいで大根が少しずつ縮んでくる。2週間くらいで大根を取り除く
※冷蔵で1カ月保存可能

02 美容編

はちみつは水を吸収して保湿力を高める

　美容ではちみつを使うとき、その効果としてはまず保湿力が挙げられます。糖の中でも特にグルコースは、水との親和性が非常に高く、水を抱え込むため、皮膚からの水の蒸発を防ぎます。

　またそれと同時に、フルクトースが皮膚から浸透することによって上皮細胞再生も活性化されます。皮膚の新陳代謝が上がることで、ダメージを受けた肌でもコラーゲンのもととなる線維芽細胞の働きが活発になるので、加齢による肌のトラブルなどにも効果を発揮します。

　とにかく「はちみつは水を吸着する」と覚えておいてください。界面活性剤が含まれた化粧品を使って最終的にカラカラの肌になるよりは、はちみつで保湿してほしいと心から思います。

　美容に特におすすめなのが、ハニーデューとジャラです。

保湿力がとにかく高いほうがいいという人	13honeyのハニーデュー
肌のトラブルを抱えている人、 目のエクステをしていて、その周りが痛かったり痒かったりする人、 吹き出物が気になる人	ジャラ

※ はちみつは、混ぜものがないもの、薬剤投与のないものを使う（7時限目・8時限目参照）。

　はちみつスキンケアは実践あるのみです。次頁からご紹介するスキンケアを含めて、いろいろな方法で、ぜひ体感してみてください。

はちみつ化粧水

顔の保湿は、はちみつが1番！

つくり置きのポイント

蒸留水にはちみつを入れて「はちみつ化粧水」をつくる方法ですが、こちらは下記のつくり方を参考にしてください。つくり置きする場合、冬は10日ぐらい、夏であれば1週間以内に使い切りましょう。

手のひらで蒸留水とはちみつを混ぜる

小指の爪半分ぐらいの量のはちみつをプラスチックのスパチュラやヘラで取って、手のひらに乗せて適量の蒸留水と一緒に混ぜます。その後手のひらで肌を押さえるようにやさしくパッティングしていきます（3頁「はちみつを美容に使うときの分量の目安と使い方」）。

蒸留水で顔を濡らしはちみつを直接肌に塗る

手のひらで混ぜるのが苦手な人は、まず肌に直接はちみつをトントンと乗せ、スプレーなどを使って蒸留水（化粧水）を吹きかけてやさしく馴染ませるようなつけ方でも大丈夫です。

【材料】
はちみつ：小さじ1　グリセリン：5ml　蒸留水：100ml
【つくり方】
❶はちみつ小さじ1をグリセリン5mlで溶かし、そこに100mlほど蒸留水を加える
※はちみつによってもテクスチャーや粘度が違うので、濃度は自分の好みのテクスチャーに調整して変えていく

フェイスマスク

もっとモチモチに顔を保湿したいときに

糖が皮膚から浸透してモチモチに

　たっぷりのはちみつ効果で、モチモチしてしっとりと潤った肌になります。実際に皮膚の表面から糖は簡単に浸透していきます。直接塗ることで肌の細胞レベルからの回復を促します。

　年齢とともに、顔の水分量が減ってきた、疲れが出やすくなったと感じる人は、2〜3カ月間集中的に試してみましょう。

コツははちみつを先に塗ること

　先に顔を蒸留水などで濡らしてからはちみつを塗ろうとしても、はちみつが滑ってしまいうまく塗れません。順番としては、フェイシャル用の少し弾力のある筆があれば（なければ指で）、はちみつをペタペタつけたあとに蒸留水を顔にスプレーして、その水滴で伸ばして浸透させていくようにします。

　またラップをするのが面倒な場合は、顔にはちみつをつけたままお風呂に入ってマッサージするだけで十分にしっとりします。

【材料】

はちみつ：大さじ1　ラップ

【使い方】

❶顔にはちみつ大さじ1杯分を塗る

❷鼻と口をふさがないように穴を開けたラップで覆い、手で
　2〜3分押さえながらパックする

❸その後軽く洗い流す

目の周りのお手入れ

目の周りの傷の修復に

エクステでまつ毛の根元が傷んでいる人

エクステをして、まつ毛の根元が傷んでいるという人がたくさんいますが、そういった人にもはちみつをおすすめします。ぜひ使ってみてください。

目の縁にはちみつを直接塗布するだけ

やり方はとても簡単で、耳かき1杯くらいの量のはちみつを目の縁のところに直接入れて、数回まばたきをします。最初は少ししみることもありますが、まばたきをすることで中和します。

直接塗布するのが怖い人は

もしはちみつそのものを直接目の中に入れるのが怖ければ、はちみつが溶けるくらいの少量の生理食塩水に耳かき1杯くらいのはちみつを混ぜ、スポイトを使って点眼しても構いません。

この場合、スポイトが常に清潔であることに注意してください。ちなみにスポイトの衛生管理に手間がかかるので、私は水と混ぜずに直につけています。

【材料】

はちみつ：耳かき1杯　※はちみつは混ぜものがないもの、薬剤投与のないものを使う（7時限目・8時限目参照）。

【使い方】

❶目の縁に、直接はちみつを塗布する

※直接塗布するのが怖い人は、少量の生理食塩水にはちみつを溶かし、点眼する

はちみつ風呂

全身の保湿

全身の保湿にははちみつ風呂がおすすめ

はちみつを入浴剤としてバスタブに入れて溶かすだけで、簡単にはちみつ風呂ができあがります。結晶化してしまったはちみつを活用するには、はちみつ風呂がおすすめです。

お風呂にはちみつを入れるのがもったいないと感じる人は、食べ終わったボトルに残ったはちみつを利用しましょう。ボトルにぬるま湯を入れて側面や底に残ったはちみつを溶かし、その水を全身にペタペタとつけても全身の保湿に効果があります。

はちみつに含まれるグルコン酸が古い角質を柔軟にし、やさしく取り除く手助けにもなるので、普段は手が届きにくいところもケアすることができます。

結晶化したはちみつを局所に塗るのも効果的

また、シャリシャリに結晶化したはちみつをココナッツオイル大さじ1と一緒に混ぜて、角質ができやすい部分をマッサージし、そのままお風呂に入ると、肌の保湿だけでなく、いらない角質層をきれいに剥離することができます。

【材料】（はちみつ風呂）
はちみつ：大さじ3
【使い方】
❶はちみつ大さじ3をバスタブに溶かす

【材料】（はちみつスクラブ）
はちみつ：大さじ1
ココナッツオイル：大さじ1
【使い方】
❶はちみつとココナッツオイルを混ぜる
❷角質部分にすり込む

参考文献

[2時限目]

・さまざまな文化圏において伝統医療に使われてきたはちみつ
'Honey – a remedy rediscovered', Journal of the Royal Society of Medicine
Volume 82 July 1989: 384-385

・はちみつが外傷の治療薬として医療現場で使われ、その有効性が検証された研究
のまとめ：この論文ではちみつが治療手段として効果的であると証明されている
病態は、壊疽性筋膜炎、上皮組織に起こる炎症から火傷などのさまざまな外傷。
はちみつの効果として、回復までの期間の短縮、炎症の鎮静、壊死した組織の除
去効果、組織再生の促進などが挙げられ、はちみつを使った治療がほかの外的治
療よりも痛みやアレルギー反応が少なく、患者にとって負担が少ない点も挙げら
れている。
'Why honey is effective as a medicine. 1. Its use in modern medicine', Bee World
Volume 80 1999 - Issue 2: 80-92

・アーユルヴェーダ ラサーヤナ（rasayana）のさまざまな処方において、澄ましハー
ブやバターとともにはちみつが使われている。
'Rasayan – The Ayurvedic Perspective', Research Journal of Pharmaceutical,
Biological and Chemical Sciences Volume 2, Issue 4, 2011: 269–282

・大きく開いた開放創、糖尿病の難治性の傷、やけど、褥瘡部位などに対し、現代
医学における治療法として、従来の治療法に比べてはちみつを創傷被覆材として
利用する治療法が明らかにすぐれていることが証明されている
'Honey and Wound Healing: An Update', American Journal of Clinical
Dermatology volume 2017 vol 18 (2), p237–251

・子どもの下痢にはちみつを処方した際、下痢の回数と入院日数が著しく減少した
研究結果
'The Effect of Honey with ORS and a Honey Solution in ORS on Reducing the
Frequency of Diarrhea and Length of Stay for Toddlers', Comprehensive Child and
Adolescent Nursing Volume 42, 2019 - Issue sup1; p21-28

[3時限目]

・はちみつ成分について
'Traditional and Modern Uses of Natural Honey in Human Diseases: A Review',
Iranian Journal of Basic Medical Sciences Volume 16, No. 6, Jun 2013: 731-742

・中毒性の定義：「健康を害するにもかかわらず、衝動的に薬を求める慢性的な脳の
病気」
"addiction is defined as a chronic, relapsing brain disease that is characterized
by compulsive drug seeking and use, despite harmful consequences.", National
Institute on Drug Abuse 2014 The Science of Addiction

・砂糖がほかの栄養素に比べて過食を促進したり、肥満になったりするというエビデンスはない
'Sugars and obesity: Is it the sugars or the calories?', Nutrition Bulletin. Volume 40, Issue 2 p. 88-96

・砂糖だけではなく、塩や糖質などにも「食物中毒（food addiction）」という言葉が使われているが、その中でも砂糖などの甘い食べ物中毒というのは、全体の５％以下でしかない
American Psychiatric Association. Diagnostic and Statical Manual of Mental Disorders: DSM-5. 5th edition. 2013

・ある特定の食品に中毒性があるのではなく、食べる行為そのものに中毒性がある、つまり「摂食障害」であることが指摘されている
'"Eating addiction", rather than "food addiction", better captures addictive-like eating behavior', Neurosci Biobehav Rev. 2014 Nov; 47 p295-306

・薬物中毒と砂糖を求める行為は、脳生理学的に同じではない
American Psychiatric Association. Diagnostic and Statistical Manual of Mental Disorders: DSM-5 5th edition. American Psychiatric Association: Washington. DC, USA: 2013

・覚醒剤などの薬物中毒で関与されているドーパミンという神経伝達物質は、食欲の増減には関係していないことがわかっている
'Leptin reduces food intake via a dopamine D2 receptor-dependent mechanism', Mol Metab. 2012 Dec; 1(1-2): 86–93

・白砂糖にも、免疫抑制作用を持つストレスホルモンであるコルチゾールの分泌そのものを抑える作用があることがわかっている
'Sucrose intake and corticosterone interact with cold to modulate ingestive behaviour, energy balance, autonomic outflow and neuroendocrine responses during chronic stress', J Neuroendocrinol. 2002 Apr;14(4) p330-42
'Self-medication with sucrose', Curr Opin Behav Sci. 2016 Jun; 9: p78–83.

・食後の血糖値の上昇度を示すといわれる GI 値は、健康のために食品を選ぶための指標としては適切ではないと指摘されている
'Glycemic index and glycemic load: measurement issues and their effect on diet–disease relationships', Eur J Clin Nutr 61 (Suppl 1), S122–S131 (2007)

[４時限目]
・私たちの身体で毒性を発揮するメチルグリオキサール：メチルグリオキサールが細胞を過剰に刺激し、カルシウムを細胞内に流入させ、それに伴い血管の収縮（動脈硬化）を引き起こす
'Enhanced calcium entry via activation of NOX/PKC underlies increased vasoconstriction induced by methylglyoxal', Biochemical and Biophysical Research Communications Volume 506, Issue 4, 2 December 2018, Pages 1013-1018

・炎症によってメチルグリオキサールの産生が増大し、メチルグリオキサールがさらに炎症を加速させるという悪循環を引き起こす
'Activation of Macrophages and Microglia by Interferon–γ and Lipopolysaccharide Increases Methylglyoxal Production: A New Mechanism in the Development of Vascular Complications and Cognitive Decline in Type 2 Diabetes Mellitus?', Journal of Alzheimer's Disease, vol. 59, no. 2, pp. 467-479, 2017

・メチルグリオキサールは、私たちの体内でも"脂肪燃焼という病気の場（リポリシスによって増加するグリセルアルデヒド-3-リン酸（glyceraldehyde-3-phosphate）の過剰供給）"において発生している
'Relationship of methylglyoxal-adduct biogenesis to LDL and triglyceride levels in diabetics', Life Sciences Volume 89, Issues 13–14, 26 September 2011, Pages 485-490

・メチルグリオキサールが ALEs や AGEs を形成して体を病気の場にしてしまうメカニズム
﨑谷博征、有馬ようこ著『自然治癒はハチミツから ハニー・フルクトースの実力』（鉱脈社刊）

・ALEs という体のゴミが多くの現代病の原因
﨑谷博征著『「プーファ」フリーであなたはよみがえる！』（鉱脈社刊）

・マヌカハニーが炎症性サイトカインを誘導する、つまりマクロファージの Toll 様受容体4（TLR4）を刺激して炎症を引き起こす
'A 5.8-kDa component of manuka honey stimulates immune cells via TLR4', Journal of Leukocyte Biology Volume 82, Issue 5 Nov 2007 Page 1027-1361

・AGEs が悪者にされがちだが、ALEs のほうが多くの病態の原因
﨑谷博征著『糖尿病は"砂糖"で治す！』（鉱脈社刊）

・ALEs が AGEs よりも 23 倍の速さで形成されるエビデンス
'The Advanced Glycation End Product, Nϵ-(Carboxymethyl)lysine, Is a Product of both Lipid Peroxidation and Glycoxidation Reactions', Journal of Biological Chemistry VOLUME 271, ISSUE 17, P9982-9986, APRIL 1996

[5時限目]
・市場に出回っているはちみつの9割以上に含まれているといわれる人工シロップの害
　・人工シロップが腸の腫瘍を増大させる：'High-fructose corn syrup enhances intestinal tumor growth in mice', Science 22 MARCH 2019 VOLUME 363 ISSUE 6433 p1345-1349
　・人工シロップが異常行動（双極性障害など）を引き起こす：'High-fructose corn syrup consumption in adolescent rats causes bipolar-like behavioural phenotype with hyperexcitability in hippocampal CA3-CA1 synapses', British Journal of Pharmacology 2018 Volume175, Issue24 P 4450–446

・人工シロップが肥満を引き起こす：'High-fructose corn syrup causes characteristics of obesity in rats: Increased body weight, body fat and triglyceride levels', Volume 97, Issue 1, November 2010, Pages 101-106
・人工シロップを与えられたミツバチは、エネルギー代謝がブロックされてしまう Jennette, Michelle R.. (2017). High Fructose Corn Syrup Down-Regulates the Glycolysis Pathway in Apis mellifera. In BSU Honors Program

［6時限目］

・糖尿病の原因は糖ではなくプーファ
﨑谷博征著『糖尿病は "砂糖" で治す！』（鉱脈社刊）

・脂肪がエネルギー生産の材料として使われると、糖のエネルギー代謝がブロックされてしまう（＝ランドル効果）について
'THE GLUCOSE FATTY-ACID CYCLE ITS ROLE IN INSULIN SENSITIVITY AND THE METABOLIC DISTURBANCES OF DIABETES MELLITUS', Lancet. VOLUME 281, ISSUE 7285, P785-789, APRIL 13, 1963

'In appreciation of Sir Philip Randle: The glucose-fatty acid cycle', British Journal of Nutrition , Volume 97 , Issue 5 , May 2007 , pp. 809 – 813

・プーファがミトコンドリア内の糖代謝の経路でピルビン酸脱水酵素（PDH）をブロックしてしまうエビデンス（糖尿病の真の原因）
'Dietary polyunsaturated fats suppress the high-sucrose-induced increase of rat liver pyruvate dehydrogenase levels', Biochimica et Biophysica Acta (BBA) - Lipids and Lipid Metabolism. Volume 1169, Issue 2, 11 August 1993, Pages 126-134

・プーファが糖のエネルギー代謝の最初のステップであるグルコースをフルクトースに変換するプロセスをブロックしてしまう
'Unsaturated Fatty Acids Associated with Glycogen May Inhibit Glucose-6 Phosphatase in Rat Liver', The Journal of Nutrition, Volume 127, Issue 12, December 1997, Pages 2289–2292

・糖尿病の動物モデル実験において、プーファ・フリー（プーファを餌から一切取り除く）の食餌を与えると糖尿病の発症を防げることがわかっている
'Essential fatty acid deficiency prevents autoimmune diabetes in nonobese diabetic mice through a positive impact on antigen-presenting cells and Th2 lymphocytes', Pancreas. 1995 Jul;11(1):26-37

・フルクトースは、プーファによって引き起こされた PDH のブロックを解除し、糖の代謝を進める作用を持っている
'Mechanisms of fructose-induced hypertriglyceridaemia in the rat. Activation of hepatic pyruvate dehydrogenase through inhibition of pyruvate dehydrogenase kinase', Biochem J (1992) 282 (3): 753–757

・フルクトースが変換されたトライオース-3-リン酸（triose-3-P）は、酸素がない状態でも「ワン・カーボン回路」を使って、4 モルの ATP を産生することができる（酸素がない状態では、解糖系のルートでは、2 モルの ATP 産生）

'Serine Biosynthesis with One Carbon Catabolism and the Glycine Cleavage System Represents a Novel Pathway for ATP Generation', PLoS ONE 6(11): e25881.

・運動時において、ブドウ糖単体よりも、ブドウ糖と果糖をコンビネーション（はちみつの組成）で摂取したときのほうが 65％もエネルギー代謝が高まるという研究結果
'Carbohydrate and exercise performance: the role of multiple transportable carbohydrates, Current Opinion in Clinical Nutrition and Metabolic Care. 2010; 13(4): p452-7.

・オメガ 3 では本当の治癒には辿り着けない
崎谷博征著『「プーファ」フリーであなたはよみがえる！』（鉱脈社刊）

［7 時限目］
・ネオニコチノイド系農薬として使われているチアメトキサムは、体内で代謝される過程でホルムアルデヒドを発生させる（これは結果的に ALEs、炎症ゴミを体内で増やすことになる）
'Neonicotinoid formaldehyde generators: possible mechanism of mouse-specific hepatotoxicity/hepatocarcinogenicity of thiamethoxam', Toxicol Lett. 2013 Feb 1;216(2-3):139-45

・ネオニコチノイド系農薬のイミダクロプリドとチアクロプリドは、継続的な曝露によって、アロマテースというエストロゲンを合成する酵素を活性する、つまりエストロゲンの過剰発生を促すことがわかっている。それにより、乳がんとの関連性が指摘されている
'Effects of Neonicotinoid Pesticides on Promoter-Specific Aromatase (CYP19) Expression in Hs578t Breast Cancer Cells and the Role of the VEGF Pathway', Environ Health Perspect. 2018 Apr 26;126(4):047014

・グリホサートは、人体に発がん性作用を持つことが報告されている
'On the International Agency for Research on Cancer classification of glyphosate as a probable human carcinogen', Eur J Cancer Prev. 2018 Jan;27(1):82-87

・農業に使用する通常量のグリホサートに暴露した働きバチは、脳の機能障害を起こし、ナビゲーション能力に障害が出ることがわかっている
'Effects of sublethal doses of glyphosate on honeybee navigation', J Exp Biol. 2015 Sep;218(Pt 17):2799-805

公式ショップ 安心・安全なはちみつをお探しの方へ

HOLISTETIQUE 公式オンラインショップ	
「ホリステティック」で検索！	

　HOLISTETIQUE（ホリステティック）は、あなたの「感性を取り戻す」をテーマに、オーガニックコスメや医師と共同開発したサプリメント、厳選したはちみつ、お手当てハーブ、精油、ココナッツオイルなどHOLISTETIQUE にしかない独自の商品を取りそろえたショップです。

　HOLISTETIQUE（ホリステティック）とは、Holistic（全体論）と Estetique（美学原理、審美、美的価値観）をあわせた造語で、「美しさはその人を構成するすべてのものから生み出される」という意味を持っています。

　HOLISTETIQUE は美や健康をホリスティックに考えます。表面だけの美しさではなく内側からの真の美しさを引き出し保つこと、その場しのぎの症状の抑圧ではなく真の健康を保つことが大切だと考えています。

　たとえば、皮膚などの表面上起こる吹き出物などの今現れている「炎症だけ」をなくすことに焦点をあわせると、いずれ、もっと「強い炎症」となって現れるのが身体のメカニズムなのです。

　身体の働きを邪魔せず、治らないことへの不安を払拭し、炎症を抑え目隠しするアプローチではなく、これから先の健やかな身体を手に入れるために、まずは生活習慣にはちみつを取り入れてみませんか。

　220 頁で紹介している蜂蜜療法協会公認の全国の蜂蜜療法家からも安心・安全なはちみつをお求めいただけます。

蜂蜜療法協会 本書をもとにさらにはちみつを学びたい人へ

ハニーセラピスト® 講座 - 代替医療師 Vanilla の
オフィシャルサイト

「ハニーセラピスト　講座　vanilla」で検索！

　蜂蜜療法協会は、身体にも心にも作用するはちみつの秘密を紐解き、身体の不思議とともに作用機序の正しい理解を広めていくことを目的とした協会です。蜂蜜療法の普及のため、知識を学べる場として下記のハニーセラピスト® 講座の開催や年 1 回の総会にて定期的に最新情報を提供しています。

STEP ❶　ファミリー・ハニーセラピスト® (修了証発行)

はちみつがなぜ身体にいいのか？　その理由や、はちみつを選ぶポイントなどが学べる講座です。自身やご家族の健康管理としてのはちみつの取り入れ方を学ぶ講座です。世界のはちみつ 3 種類（サンプル）つき

STEP ❷　ハニーセラピスト®・ジュニア (認定証発行)

健康への第一歩として、はちみつが身体のエネルギー源になるしくみを学び、周りの人にもはちみつを紹介できるようになる講座です。世界のはちみつ 5 種類（サンプル）つき。質疑応答あり

STEP ❸　ハニーセラピスト®・上級 (蜂蜜療法家)

症状別の蜂蜜療法のアプローチのしかた・個々の体質やエレメントマトリックス® 要素からの活用法など、蜂蜜療法家としての知識が学べます。はちみつ 9 種類（サンプル）つき。質疑応答あり。テスト、臨床レポート合格後、認定証発行。認定者は、はちみつ自然療法家や医師によるサポート体制あり

蜂蜜療法家 お住まいの近くではちみつの相談・購入をしたい人へ

　蜂蜜療法協会認定の全国の蜂蜜療法家からも安心・安全なはちみつをご紹介しています。ご自身の体調にあわせて、どんなはちみつがあっているのか？　どのようにはちみつを取り入れればいいのかなど、蜂蜜療法についての相談をすることができます。

　また、試食会や勉強会を開催しているところもあるので、下記URLより、お近くの療法家にお問いあわせください。

　蜂蜜療法家とは、蜂蜜療法協会創設者有馬ようこの「身体は間違えない」という言葉を実感いただけるように、お客様をサポートさせていただくことができる蜂蜜療法協会公認の資格保有者です。

全国の蜂蜜療法家紹介ページ	
「蜂蜜療法家　ハニーセラピスト　はちみつ」で検索！	

　蜂蜜療法とは、古代文明の時代から万能薬として用いられていたはちみつの謎を紐解いていきながら、身体の自然治癒力を最大限に生かす療法です。一時的な改善の対処療法ではなく、根本的に身体のホメオスタシス（生物において内部環境を一定の状態に保ち続けようとする機能）を発揮させます。

　今までの生活習慣・食べてきたもの・病歴・薬剤投与歴によって治癒への道はそれぞれ違います。マインドも関係しています。蜂蜜療法協会では、はちみつを摂りはじめて、6カ月、1年半、2年、5年と身体が変わっていく中で、各人に寄り添いサポートすることで、健康情報に振り回されず、自身が自分の足で立つことを目指していきます。

身体のしくみを勉強してみたい人へ

「身体のしくみ」を勉強してみようと思う方はまずここから
スタートすることをおすすめします。

「代替医療師　Vanilla　基本のミニ講座」
で検索！

基本の ミニ講座	健康と美をメカニズムから理解するシリーズ (Facebook ミニ講座版)
健康概論	「健康」ってどんな状態？　症状は悪者なの？ 身体の状態を俯瞰して見るための第一歩。糖や脂質を学ぶ前に、基本的な身体のしくみと「健康」について考える、基礎中の基礎の講座です

次のステップとして、下記の「基本のミニ講座」の中で興味
のある講座を受講してみてください。講座の詳細は上記の検
索キーワードで検索するか、QR コードからご覧ください。

基本の ミニ講座	健康と美をメカニズムから理解するシリーズ (Facebook ミニ講座版)
エネルギー 代謝と糖	タンパク質、脂質、とともに三大栄養素のひとつである糖質。身体に必要なはずの栄養素なのに、悪者のレッテルを貼られてきた「糖」。糖がどのように身体の中でエネルギー源となり、そして糖が足りないと身体は何を使ってエネルギーをつくり出すのか、私たちの生きる活動を可能にする糖の秘密を紐解いていきます
基本の ミニ講座	健康と美をメカニズムから理解するシリーズ (Facebook ミニ講座版)
PUFA 多価不飽和 脂肪酸	がん、リウマチ、アルツハイマー病、うつ病、自閉症、糖尿病、脳卒中など、これらは近代に爆発的に増加した病気です。「なぜ難病といわれる病気が存在するのか」、そして「なぜこれほどまでに増えているのか」そこを読み解く鍵が実は PUFA と呼ばれる植物油や魚油（多価不飽和脂肪酸）にあることを学びます

基本の ミニ講座	健康と美をメカニズムから理解するシリーズ (Facebook ミニ講座版)
鉄と炎症	女性には妊娠・出産、月経など、貧血になりやすい条件が多くそろっているといわれ、妊娠中も鉄剤を処方されることがあります。鉄剤を服用して、明らかに気分が悪くなったり、体調が悪くなった経験のある人もいるのではないですか？　それはあたりまえなのです。なぜなら鉄は体内で炎症のもとになるものだからです。鉄と炎症のメカニズムをわかりやすくお話しします
基本の ミニ講座	健康と美をメカニズムから理解するシリーズ (Facebook ミニ講座版)
女性ホルモンと炎症	エストロゲンは炎症を起こすホルモンです。なぜ排卵や生理の前にエストロゲンが増えるのか？　更年期に差しかかるとエストロゲンは本当に減るのか？　といった、本来理解しておくべきことが、実は一般的には知られていません。更年期前後の女性に、そして娘さんの女性としての将来を預かるご両親やご家族にもぜひ知っていただきたい知識です
基本の ミニ講座	健康と美をメカニズムから理解するシリーズ (Facebook ミニ講座版)
冷えと生理トラブル・妊娠	ひどい生理痛で動けなくなったり、生理不順に困っていたり、妊娠できないと苦しんでいたりと、あなたを悩ませる身体の問題は、一体どこに原因があるのでしょうか？　冷えは「体質」ではありません。冷えが起こるメカニズムを理解することが、冷え性解決の本当の第一歩です。冬をより快適にすごすために、女性のトラブルをできるだけ減らして毎日を健やかにすごすために、女性に大敵の「冷え」を撃退しましょう
基本の ミニ講座	健康と美をメカニズムから理解するシリーズ (Facebook ミニ講座版)
更年期のすごし方	更年期に差しかかって起こる身体の変化はいろいろあります。ほてりや発汗（ホットフラッシュ）、冷え、イライラ、めまい、動悸、息切れ、頭痛、慢性疲労、不安、不眠、憂うつ感などなど。それはなぜ起こるのでしょうか？　一般的にはエストロゲンが減ることによって起こるといわれていますが、実際、エストロゲンは減少してはいません。この時期を快適に切り抜け、うまく変化に適応するために、まずはその更年期の症状がどのように発生しているのか、その身体のしくみを知っておきましょう

基本の ミニ講座	エレメントマトリックス® シリーズ (Facebook ミニ講座版)
人間関係 (エレメン トマトリッ クス®)	人は誰しも個性的な性質を持っています。その性質は性格だけではなく、病態の在り方や病からの回復のしかたにまでおよびます。ギリシア時代のヒポクラテスの四体液質理論（火・土・風・水）をもとに、「それぞれの在り方」を基盤にした「ものの捉え方」を体系化したのがエレメントマトリックス® 理論です。そのエレメントの知識の基礎中の基礎を人間関係に落とし込んで簡潔にお伝えします
基本の ミニ講座	エレメントマトリックス® シリーズ (Facebook ミニ講座版)
健康編 (エレメン トマトリッ クス®)	「世の中でいいとされる健康法をやっても、健康になっている気がしない」「アサイボールがいいっていうから毎日朝ごはんに食べていたら、逆に調子悪くなった！」「流行りのダイエット方法をやっているのに全然痩せない」 こんな経験のある人。これらの謎は、エレメントがわかるとスルスルと謎解きができるようになります
基本の ミニ講座	エレメントマトリックス® シリーズ (Facebook ミニ講座版)
アストロビ ューティー (エレメン トマトリッ クス®)	私たちの性格や体質がみんな違っているように、肌の性質も人それぞれ違います。自分の肌が望むお手入れ法は、今流行りのお手入れ法とは違うかもしれません。肌質もエレメントマトリックス® の4タイプに分けることができます。4つのエレメント別お肌のお手入れ法とそれぞれのタイプにあったベースオイルや精油をご紹介します。自分にぴったりの肌のお手入れの秘訣を、ぜひこの機会に手に入れてください
基本の ミニ講座	その他
微生物との 共生	身体の健康だけではなく、肌の健やかさなど美容にも大いに関係する微生物。私たちの助けにもなり、同時に「場」の状態によっては悪さもする菌たちと仲よくするための生活習慣を知っておくことは、健全な体内のバランスを保つためにも大切なことです。菌の餌である糖の摂取についてなど、微生物と健全に共生するコツをお伝えします

基本の ミニ講座	その他
電気で動く 身体の しくみ	私たちの、見る、聞く、味わう、嗅ぐ、感じるといった五感は、脳内で電気信号として感知されます。そして脳から各器官への指令も電流で伝えられています。「感じること」と「指令」の部分は、電気信号で執り行われています。この講座では、身体の中での電気の働きを解き明かし、さらに電気の流れをスムーズにするための生活習慣の見直し方を提案します
基本の ミニ講座	その他
アミノ酸	身体の材料になるものとして、最も重要なのがたんぱく質（アミノ酸）です。たんぱく質は筋肉、臓器、皮膚などの材料になるだけではなく、身体をスムーズに動かすためにも必要です。巷では動物性たんぱく質に比べ、植物性たんぱく質が身体にいいといわれていますが、それは本当でしょうか？　この講義では、現代病が蔓延し、心身ともにストレスフルな環境を避けることが難しい昨今、心がけて摂ったほうがいいアミノ酸のお話などを中心にお伝えします。育ち盛りのお子さんを持つお母さんに、美肌・美髪を目指すすべての女性に、健康な身体づくりを学びたい人たちに
基本の ミニ講座	その他
チャクラの 自由考察	チャクラエネルギーをスピリチュアル的に捉えるだけでなく、細胞レベルでの活動を知ることで、より深く自分の身体のエネルギーの神秘に触れることができます

「基本のミニ講座」をある程度受講し終えたら、次のステップとして下記の中でより深めたい内容の講座を受講してみてください。講座の詳細は下記の検索キーワードで検索するか、QRコードからご覧ください。

「代替医療師　vanilla
受講の仕方アドバイス」で検索！

健康と美をメカニズムから理解するシリーズ（ライブセミナー）	
01 エネルギー代謝と糖	テーマは「糖」です。健康情報に興味があって実践している人が陥りがちな落とし穴のひとつに、健康になるためには「糖」を避けたほうがいいという考え方があります。よかれと思って実践しているのに、糖を避けすぎているために、健康にも美容にも影響が出てしまったという人は、実は少なくありません
02 PUFA 多価飽和脂肪酸	テーマは「脂質」です。糖と同様に多くの誤解があるトピックです。そもそもVanillaの理論では、何か「ひとつだけ」に偏ることはなるべく避けたいと考えます。たとえば、普段私たちが食べている「油」がどういうものなのかを考えてみると、どんなにいい油だったとしても、抽出(加工)されたものをせっせと摂取することはどうなのでしょうか？　そんな疑問を紐解きます
03 鉄と炎症	テーマは「鉄」です。Vanillaがブログや講座の中でお話しすることで、かなり衝撃を受ける人が多いのが「鉄」のトピックスです。「鉄分は積極的に摂らなければ！」「妊婦健診で貧血といわれて鉄剤飲んでいます」「お湯も料理も鉄瓶や鉄のフライパンを使っています！」そんな風に考えて、せっせと鉄の補給に努めていませんか？そもそも、どうして貧血になるのか？　鉄剤を飲むことがどう身体に影響するのか、そこから考えてみましょう
04 女性ホルモンと炎症	テーマは「女性ホルモン、エストロゲン」です。バストアップや更年期症状、肌の若々しさを保つためにエストロゲンが必要！　といわれて、サプリやハーブで摂取する人も多くいます。また逆に、環境ホルモンと呼ばれるものにエストロゲンのような作用があることから、エストロゲンは過剰になっているという見方もあるのです。そのあたりをじっくり見ていきます

ホリスティックセルフケアマスター講座（2016 - 2017 版）	
01 ホリスティック概論	「身体を部位で見るのをやめましょう！」ホリスティックという言葉の意味ってなぁに？　どこかに症状をかかえているのなら、その部位だけを見たのでは本当の治療には繋がらないことを知りましょう。人間関係のトラブルでさえ、「嫌だなぁ」と思ったその人やその事件そのものが問題なわけではなく、あなたを取り巻く環境に問題があるのと同じだということを詳しく掘り下げていきます
02 ホメオスタシス（自然治癒力）	「症状ってなぁに？」自然治癒力って言葉は、よく聞くけれど、それってどういうことなんだろう？　勝手に治るってこと？　じゃあ、ただ放っておけばいいの？　今まで薬をあれこれ使ってきたけれど、いきなり「身体を信じよう！」ってホントにそれでいいのかな？　薬のほかには、使えるものはないの？　どうしたらいいんだろう？　そんな疑問にお答えします
03 健康概論	「健康ってなぁに？」情報の選択に自信を持つための俯瞰力、健康の原理とはなんでしょうか。昔から人間の身体というシステムは変わりません。体内のバランスが大切だというけれど、そのバランスとはなんでしょうか？　健康情報に振り回されないための基礎中の基礎になる講義です
04 身体のメカニズム	「身体の構造ってどうなっているの？」自分の身体のパーツに何があるのか？　どこにどんな臓器があって、どんな風につながって身体は組み立てられているのかな？　そのしくみを紐解きます
05 身近な生理学	「身体の仕事ってどんなこと？」身体のパーツや配置はわかっても、今度はそれぞれの得意なことってなんだろう？　その機能ってなぁに？　どんな役割なの？　そして全体がどう作用しあって、この身体という大きなものを動かしたり健康を保ったりしているのか考えます
06 ホルモン概論	「ホルモンってよく聞くけれど……」ひと言でホルモンといっても、女性ホルモンだけではありません。人が生きるために不可欠な大事な物質です。ホルモンは何からつくられるのか？　どうして必要なのか？　どんなホルモンがあるのか？　を学んでいきます

55 予防接種	予防接種は、身体に注射したり服用することで体内に入れるものです。何が入っているのか知っている人はあまりいません。食べるもの同様に当然知っておきたい情報です。予防接種の毒性はもちろん知っておくべきですが、その毒性そのものだけの問題ではなく、この時代に生きるうえで、いろいろなものが身体に与える影響はすべてが絡みあっていることを知りましょう
56 アレルギー 疾患序章	アレルギーはどうして起きるのでしょうか？　アレルギーの原因だとされる抗原そのものを排除することが、アレルギー対策ではありません。そもそもアレルギーがなぜ起こるのか？　このメカニズムを理解することが大切です
57 肌とデトックス	肌は「臓器」と同じです。肌がデトックス臓器として使われるというのは、どういうことでしょうか？　皮膚疾患にはどんな背景があるのでしょうか？　どんな理由でその症状に結びつくのか、また予防できるのか深堀りしていきます
58 活性酸素	活性酸素と聞いたとき、あなたは何を連想しますか？ 身体にとっていけないもの？　活性酸素は必ずしも悪者ではありません。もともとは免疫細胞が微生物や菌と戦うときに武器となるのが活性酸素です。エネルギーが体内で生産されるとき、微量ながら常に活性酸素は発生しています。そして身体のために活躍もしています。活性酸素の脅威と働き、そしてつきあい方（対処法）を学びます
59 酵素概論	酵素ってなんだろう？　巷でよく知られている酵素の役割や意味するところを、いつものようにホリスティックに眺めます。身体にとって最も大切な「エネルギーの確保」とそのためになされる身体の仕事の中で、酵素は大切な役割をします。酵素の意味や役割について知りましょう

ホリスティックビューティコース（2020年版）崎谷医師とのコラボ講座	
01 保湿	肌で行われている仕事を邪魔せずに肌の健やかさを保っていくために、何を使って、どうケアしていけばいいのか？　化粧品の役目とは何か？　ドライスキン・保湿のメカニズムから洗顔の考え方やおすすめのケア方法をお伝えしていきます
02 コラーゲン・たるみ	美肌のためにはコラーゲンが必要です。お肌をつやつやプルプルにしたいと思って、せっせと市販のコラーゲンドリンクを飲んだり、サプリメントを飲んだり、また、お肌に塗る化粧品でも、「コラーゲン配合」を選んでみたりしていませんか？　この講座では、実際に皮膚におけるコラーゲンの働きや構造を知り、まずは「劣化させないメカニズムと秘訣」、そして「うまくコラーゲンの材料を摂取して減らさずに活用する効果的な方法は何なのか」ということも学んで実践します
03 しみ	しみがなぜできてしまうのか？　できてしまったしみをどうやって薄くするのか？　この2つのテーマは、多くの女性が頭を悩ませる問題です。皮膚の下で起こるしみを生み出すメカニズムと、そこで避けるべき化粧品の成分を知ることで、しみを増やさないお手入れ法を学んで日々の生活に取り入れましょう
04 化粧品	効果抜群といわれているコスメの数々には、どんな有効成分が含まれ、どう皮膚に作用しているのでしょうか。実際に効果があるのかどうかも検証しなくてはなりません。また、お肌にやさしい天然成分の化粧品が、実際にはどのくらい肌にやさしいのかも検証します。あなたが本当に自分に必要なものを正しく選べる目を持ち、健康な身体と美肌を手に入れるための道を照らすべく、崎谷医師と Vanilla が美容と化粧品を一刀両断します！
05 炭酸	なぜ炭酸が美容や健康にいいのでしょうか？　その本当の理由に迫ります。どのようなメカニズムで炭酸は美肌に効果があるのでしょうか？　炭酸を使うとなぜ血行が促進され、そのとき身体の中では何が起こるのか？　ほかにも、炭酸の持つ魅力を身体のメカニズムとともに考えていきましょう。炭酸を生活に取り入れる簡単な方法など崎谷医師と Vanilla が実践していることも含めてお伝えします

06 再生医療と美肌	「幹細胞」はその再生機能により、医療業界ではさまざまな疾患の治療に使われながら現在も研究が続けられています。美容業界でも、幹細胞入りのコスメやそれらを利用したエステでは「アンチエイジング効果」が期待されています。いわゆる万能細胞と呼ばれていますが、果たして本当なのでしょうか？ この夢のような幹細胞を利用するうえでのメリットとデメリットを、﨑谷医師とVanilla ならではの視点で余すことなくお伝えします
07 美顔器やレーザー治療	自身でできる一般的なケアから少し進んだ、美顔器やレーザー治療について考えていきます。どんなこともメリット・デメリットがあります。高価なばかりで効果のない間違ったケアを続けることで、長期的には皮膚にダメージを与えてしまうお手入れをしている人はたくさんいます。メリットとデメリットの両方を知り、短期決戦という意味で美顔器やレーザー治療という選択肢を視野に入れることも手段のひとつになります。まずは知ることから、そして賢く判断し選択していきましょう
08 トラブル肌・デトックス臓器としての皮膚	よく身近に起こる皮膚トラブルの原因をメカニズムから追求し、健やかな皮膚の回復のための秘訣をお伝えします。ここでは、私たちの身体に流れる微弱な生体電流の話をはじめ、皮膚上で起こる炎症と静電気のお話もしていきます
09 皮膚と電子・エレメントマトリックス®	ここまで勉強してきたことを、電気の流れの視点から眺めます。「吹き出物の出やすさ」「生理と肌荒れ」「しみと紫外線」「太陽光と皮膚」「クレイと皮膚の極性」「気圧と肌の健やかさ」「着ているものによって皮膚の炎症が起こりやすくなる理由」こういったことは、生体電流とそこに存在する水や脂のバランス、または光のバイブレーションを含む電磁波によって影響を受けています。自分の固有の周波をエレメントマトリックス®理論で理解し、なぜ「星座と精油」という提案が昔からあるのか、その答えを生化学的に勉強します。自分の体質や肌質に特徴があることを知り、うまくお手入れに取り入れるための講義です

単発セミナー	
鉱石が身体や心を癒すそのしくみ	なぜ、鉱石を身につけたり、身近に置いたりするのがいいのか。スピリチュアルで怪しいと思われがちな鉱石ですが、身体や心を癒すのにはちゃんと理由があります。そのしくみを解説します
「強制ワクチンの前に知っておくべきこと：ワクチンの最先端」対談＆質疑応答オンラインセミナー	ワクチンの本質論を﨑谷医師との対談形式でお届けします

免疫学・基礎／体の反応はすべてにルールあり！（ミニオンライン）	
免疫学／基礎	01 あなたにとって「病気」の定義とは？ 病気とはどんな状態を指すのか？ 免疫の働きを学ぶことで、西洋医学から代替療法までさまざまな療法を選択できるようになります。ここではその心得を学びます
	02 身体は常にバランスです。交感神経と副交感神経の2つのプラスとマイナスの働きと関係性。症状が悪化するタイミングを知りましょう
	03 「免疫」という自己防御システム。免疫戦士たちの種類とその役割を見ていきます
	04 自律神経と免疫機能の関係性、心と身体のメカニズム、「病は気から」が本当だという理由を探ります
	05 治癒のしくみを理解します。病気を治すには投薬ではなく、「治癒反応を応援するだけ」という考え方を学びます。身体が勝手に治っていくスピードを知りましょう
	06 風邪という1番身近な病気を例に、そのとき免疫システムはどう動いているのか。身体はどうウイルスとやりとりするのか見ていきます

	07 発熱や頭痛をはじめとする痛みや症状は、なぜ起こるのでしょうか？　身体の中ではそのとき何が起きているのでしょうか？　そこに解熱（消炎）鎮痛剤を入れると、体内では何が起きるのでしょうか？　子どもの熱に解熱鎮痛剤は本当に必要なのでしょうか？　一つひとつの疑問を解決していきます
	08 ［女性のトラブル❶］生理痛や月経困難症、子宮内膜症、乳がん、骨粗鬆症、妊娠中のつわりなど、女性が悩む症状や疾患を免疫システムから読み解きます
	09 ［女性のトラブル❷］冷えと免疫力の関係を見ていきます。女性が健康にすごすために、日々できる生活習慣と免疫力のサポートを伝授します
	10 ［子どもの免疫❶］子どもの病気を免疫システムから読み解きます
免疫学／基礎	11 ［子どもの免疫❷］子どもの自然治癒力と免疫力を引き出す方法を学びます
	12 免疫とステロイドについて、その作用と副作用を見ていきます。皮膚炎や咳に今や簡単に処方されてしまうステロイド、そのステロイドは体内で何を引き起こすのか？　掘り下げていきます
	13 ［基礎免疫強化］自分の免疫力を使って疾患を根治しようと思ったとき、自然治癒への道のりのサイクルを学びます
	14 ［基礎免疫強化］治癒への過程で繰り返す再燃・排出の意味とそのサイクルのルールを学びます
	15 ［基礎免疫強化］免疫力を高める10カ条を見ていきます。西洋医学との向きあい方が変わり、その後体調の変化や症状の出方に違いを感じはじめたときに生じるさまざまな疑問に答えていきます

免疫学・病気編／なぜその疾患が生まれるのか？（ミニオンライン）	
免疫学／病気編	01 私たちの身体を守る免疫反応のしくみを見ていきます。赤ちゃんが生まれたときから持っている自然免疫とその後生きていくなかでさまざまなものに出会って確立する「獲得免疫」を知りましょう
	02 免疫細胞は何でつくられて、どう働くのか見ていきます
	03 炎症とは何か？　急性炎症と慢性炎症の違いも含めて考えてみましょう
	04 ワクチンの原理・身体に入ってきた病原体にオーダーメイドの武器をつくる「抗原提示」のしくみと「ゴミ掃除」を学びます
	05 戦う戦士・免疫細胞たちを監督する「T細胞」の働きと環境によって変わるたくさんの働き方を見ていきます
	06 身体のゴミ掃除という恒常性（健康）の維持力・病気を生む「場」はどのようにつくられるのか？　「サイトカイン」という場の調整のお助けマンの存在も含めて見ていきます
	07 インフルエンザにかかると四肢が痛むのはなぜか？　なぜ高熱が出るのか？　普通の風邪よりなぜ長引くのか？　インフルエンザは怖いものなのか？　一つひとつの疑問を解決していきます
	08 アレルギーとは何か？　「抗体」って何？　害あるものを捕獲するしくみと背景を見ていきます
	09 アレルギーはどうして起こるのか？　アレルギーの種類と花粉症について知りましょう
	10 くしゃみや鼻水、涙目など、アレルギー反応を起こす実行犯「化学伝達物質」の秘密やアレルギーにおける体内のメカニズムを学びます
	11 風邪による炎症とアレルギーによる炎症の違いをはじめ、身体はなぜそこで炎症を起こすのか？　大人のアレルギーと子どものアレルギーは何が違うのか見ていきます

免疫学／病気編	12 「白血病」「HIV」を免疫のしくみから読み解きます。免疫戦隊リーダーの「マクロファージ」の働きと苦手なものと環境についても解説します
	13 がん免疫とエネルギー生産について掘り下げます。がん細胞はなぜできて、どう増えるのか知りましょう
	14 解糖系のエネルギー生産はがんの土壌となるのか？生命体の根源である生存と死滅のバランス、アポトーシスという武器を紐解きます
	15 自己免疫疾患をはじめ、身体の中で起きるゴミ掃除と自己組織破壊のメカニズムを学びます

エレメントマトリックス® 基礎（ミニ講座）	
基礎	01 己の体質を知るということ、ヒポクラテスの四体液質理論
	02 エレメントマトリックス® とは？　エレメント別気質・体質と占星術
	03 人間の身体と４つの元素・電子の流れ
	04 身体の構成元素、極性とエレメント
	05 陰陽の回転エネルギー、細胞から宇宙までのエネルギーの流れ
	06 エネルギー代謝とエレメント別による食べ物・食べ方
	07 循環とエレメント（冷えと代謝）・心臓とリズム
	08 疾患とエレメント、かかりやすい病気
	09 精油・ハーブとエレメント
	10 エレメント別・色と光のバイブレーション

エレメントマトリックス® 実践（ミニ講座）	
実践	01 宇宙のリズム、太陽と月・睡眠とエレメント
	02 入浴と運動とエレメント
	03 衣類とエレメント・静電気と帯電と炎症
	04 クリスタル（鉱石）とエレメントの関係
	05 住まいとエレメント・電磁波と目的別部屋
	06 音とエレメント

おうちに揃えたい家庭のしぜん薬箱シリーズ	
赤ちゃんと子どもケア	01 乳児湿疹はお母さんからもらったいらないものを掃除すること
	02 眠っている間に突然死してしまう「乳児突然死症候群」を防ぐために
	03 生まれてすぐの予防接種は必要か？
	04 子どもを観察するために五感を駆使しよう
	05 赤ちゃんの高熱や熱性けいれん
	06 乳児湿疹、あせも、オムツかぶれ、とびひ
	07（赤ちゃん）便秘・お腹の不調や食の細さ
	08（赤ちゃん）夜泣き・寝付きの悪さ
	09（子ども）打撲、打ち身、捻挫、切り傷
	10（子ども）風邪、発熱、咳、鼻水
	11（子ども）おたふく風邪、水疱瘡、はしか
	12（子ども）中耳炎、副鼻腔炎、結膜炎、ものもらい
	13（子ども）微生物との共生と寄生虫
	14 子どもとママの心のケア
	15 病院に連れていくタイミング

「水の世界」バイブレーションと生命体
01 生命体の基本とは
02 生命体と水
03 水とイオン
04 生命体を流れる電気
05 電気と水と化学反応／エネルギー生産と症状
06 バイブレーションと水　その波紋
07 生命体のホメオスタシス　周波の不思議
08 神経伝達系の役割と水
09 指令とエネルギーという私たちを「生かす」システム
10 水は記憶するのか？
11 水の存在とバイブレーション
12 地球という水の惑星／細胞・体・地球・太陽系
13 陰陽の世界と色の世界
14 目に見える色と光と水と周波
15 音と色が水におよぼす影響
16 エネルギー療法という世界
17 赤と青の輪廻
18 レメディの作用とは（ホメオパシー・バッチ・ジェモセラピー）
19 エネルギー（周波）調整の世界
20 水がなければ生命体が続かない本当の理由

アロマポセカリー	
0 章	
初級・理論	「安眠にラベンダーがいい人と、不快感で眠れなくなる人」「入眠障害があって、ペパーミントで寝られる人。逆に興奮して眠れない人」なぜこんな差異があるのでしょうか？　そこにはただの「好み」で片づけられないきっちりとした理由と科学的なポイントがあります。ハーブと精油の成分が持つバイブレーションを理解し、自然治癒のサポーターとして、そのバイブレーションを活用して実践していくための講座です
初級・実践	
中級・理論	
中級・実践	
上級（予定）	

MEMO

私とはちみつ2
ーすべてはここからはじまったー

私がはちみつの世界に魅了されたきっかけ

　中学生のとき、たまたま近所にヨーロッパ駐在から帰国されたご家族がいました。とっても素敵な洋館風のご自宅で、奥様がそこでカフェをされていたのです。アンティークのインテリアに洒落た茶器をあわせ、静かなリビングの広間にはいつも心休まるピアノ曲が流れていました。

　そんな空間で、英国風の紅茶やさまざまなハーブティーが出てくるのです。

　その奥様と母が知りあいだったことがきっかけで、1度母と一緒に訪れたことがあり、私はそのカフェの大ファンになってしまいました。行きたくて行きたくてしかたがなくて、ひとりでも遊びに行くようになりました。カウンターの隅のほうの窓際に座って、手づくりのホワイトチョコレートの甘いケーキとローズティーを注文すると、キラキラした小さなクリスタルの器に入ったはちみつが添えられているのです。ローズティーにはちみつをトロッと垂らします。その上品な味に衝撃を受けたことを今でも鮮明に覚えています。

　なんせ、それまでは醤油と酒と黒糖という味つけが普通だと思っていたのですから……。

　私は屋久島出身なこともあり、それまでは、糖といえばはちみつというよりも黒糖がとても身近な存在でした。

　九州の方はご存知だと思うのですが、屋久島や鹿児島をはじめ、九州では味つけとしてお料理にも砂糖をたくさん使って、何でも甘くします。煮物には砂糖をドサッと入れるというのが基本中の基本で、煮つけや肉じゃが、すきやきだけでなく、卵焼きにも砂糖を入れる文化だったので、はじめて東京で砂糖の入ってい

ない卵焼きを食べたときは、甘くない卵だけの味に強烈な違和感とショックを受けたものです。

　九州の甘さに慣れていたこともあり、甘いおやつや食事が大好きでしたし日常的に食べてきました。

　話を戻すと、その英国風の自宅カフェでは、ローズティーにはちみつやローズの花びらのジャムが添えられ、その未知の世界観にうっとりしたことを覚えています。15歳の私はその素敵な甘いもののいただき方に、本当に心を奪われました。

　こんな世界があるのだと知ってからは、私は家でスコーンを焼いてクロテッドクリームをつけて食べたり、たくさんの種類の紅茶やハーブティーを集めたりして、家で楽しむアフタヌーンティーに夢中になったものです。そこから、はちみつにも深く傾倒するようになっていきます。

　ハーブティーには、必ずはちみつを入れて飲むものなのだということもそのとき知りました。

　これは、その後高校生のときにアロマセラピーの精油を本格的に勉強してから知ったことですが、ハーブは浸出すると水溶性の成分が溶け出してきますが、そこにはちみつを入れることで油溶性の成分も一緒に抽出することができるのです。

　はちみつの世界に入り込んでからは、世の中にはどんな種類のはちみつがあるのだろうかと興味を持ちました。英国風カフェの奥様は、美味しいはちみつはヨーロッパにいる友人から送ってもらっている様子だったので、母と百貨店へ行ってはヨーロッパから輸入されているようなはちみつを買ってもらい試していました。本当にさまざまなはちみつを食べ比べてみたのですが、高価なのに美味しくないはちみつもたくさんあったのです。美味しくないなと感じるはちみつしか手に入らなかったので、私のはちみつに対する情熱はそこで1度途切れてしまいました。

　今思えば、私がそのとき美味しくないと思ったはちみつには、

異性化糖※の人工シロップが混ぜられていたのかもしれません。ヨーロッパ帰りの奥様が扱っていたはちみつは本当に美味しかったのですが、何のはちみつだったのだろうかと今考えても思い出せません。

　私が大学に入った頃には世界中から物が買えるようになってきていたので、私も海外から自分ではちみつを買うようになりました。アルバイトをしてはいろいろなはちみつを買っていくうちに、だんだんと美味しいものと美味しくないものの見分け方もわかってきました。シロップが入っているかどうか、口に入れればわかるようになってきていました。スーパーやデパートなどで試したはちみつの会社を調べては、電話で直接確かめたりもしていました。そのうちインターネットが普及しだしてからは、世界中のはちみつを入手できるようになったので、はちみつ収集熱がより加速し、あれこれと吟味するのが楽しくなったのです。

　結婚してからはオーストラリアやニュージーランドに行く機会も多くなり、現地の人と交流する中で、はちみつには偽物が多くて訴訟が絶えないという事実などを知りました。同時期に、プラスチックが身体に与える悪い影響を学んだことで、その頃からプラスチック製の容器に入っているはちみつを避け、プラスチックではなくガラス瓶のはちみつだけを選ぶようにもなりました。そうやって、より品質のいいはちみつを取り寄せて、はちみつ本来の味を楽しめるようになってきたのです。

　世界各国のはちみつを買い集めていく中で、ここ20年以上、わが家には常に300瓶ぐらいのはちみつがあります。
　このように、はちみつが大好きだったにもかかわらず、以前から一般的に世の中では甘いものはよくないとされる風潮があったので、そうした健康情報に対してはどこか釈然としない気持ちを抱いていました。25年前に健康情報についての発信もはじめま

※異性化糖：ブドウ糖（グルコース）と果糖（フルクトース）を主成分とする液状糖で、トウモロコシ、馬鈴薯あるいは甘しょ（さつまいも）などの

したが、糖についての論議は今ひとつピンとくることがなく、自分の中でも曖昧な意見を持っていた時期もあります。

「"甘いもの"は本当に悪者なのだろうか?」

なぜなら、甘いものが大好きな私自身が、元気そのものだったのですから。

はちみつ療法の要は「糖」である

自然療法のひとつとして、蜜蜂療法というものがあります。これは、もともとはアピトキシン(蜂毒)を使ったものがメインだと考えられていました。蜂の毒を使って免疫機能を刺激するという療法です。古代、食べ物がこれほど加工品にあふれていなかった時代には有効だったかもしれません。しかし現代人にとっては、これはエネルギーを無駄に消耗させる療法です。

本書では、そもそものはちみつ療法の要は「糖」であること。そしてはちみつがなぜ健康や美容に効果があるのか、その最も根幹となるところをまとめました。

はちみつに関しては、基本はブドウ糖(グルコース)と果糖(フルクトース)という単糖のコンビネーションが私たちのエネルギーの材料になること、そしてさらにそれぞれの持つエネルギーの組みあわせによる相乗効果で、よりたくさんのATP(1時限目02「はちみつの本当の魅力は糖の力?」参照)をつくることができるということを覚えておいてください。

よく「ブドウ糖だけを摂るのはどうですか」とか、「果糖だけで売っているので使ってもいいですか」といった質問をいただきますが、どちらかだけの単糖を摂ればいいというということではないのです。繰り返しになりますが、単体ではなく、セットで摂るのがいいのです。特に糖代謝がうまく回っていない現代人にとっては、果糖が少し多めというバランスで糖を摂ることで、滞っていた代謝サイクルをスムーズに動かすきっかけをつくることが

デンプンを原料につくられる人工甘味料。清涼飲料・パン・缶詰・乳製品などに大量に使われている。

できます。

　つまり、今なんらかの病態を持っている人は、果糖が少し多めのはちみつを選ぶことで身体や心の大きな助けとなるということです。

はちみつの勉強を続けてほしい

　興味があれば、糖代謝について、エネルギー代謝について、そして慢性病の機序について、この先も続けて勉強してみてほしいです。今までの健康情報を一旦ひっくり返して考え直し、ご自身で実践しながらご家族や友人といった周りの人たちと一緒に、はちみつをぜひ生活の一部に取り入れてみてください。

　その糖の素晴らしい個性を紐解き、はちみつを自然療法として正しく活用していくハニーセラピスト®を養成するために、2020年には蜂蜜療法協会をつくりました。

　ハニーセラピスト®養成講座をはじめとして、医師や治療家、受講生とが一緒になって病気のメカニズムを解明し、症状改善のためのアイデアをシェアしあう場になっています。

　本書をきっかけに、はちみつを使った療法を実践してみたい、はちみつに関してさらに学んでみたいと思った方は、ぜひ蜂蜜療法協会のホームページ（https://www.h-therapy.jp/）をご覧になってください。

　本書を読むことが、何か新しい選択肢にチャレンジするきっかけや、新しい一歩を踏み出すきっかけになったりして、それによってあなた自身や大事な人の不調が改善することに繋がったら、これほどうれしいことはありません。

　ぜひあなたにもはちみつのよさを体感していただき、元気でエネルギーに満ちあふれたアクティブな毎日を取り戻してもらえることを心から願っています。

おわりに 本書を読んでくれたあなたへ感謝を込めて

今回のはちみつの教科書は、2022 年の 1 月に出版されたものをよりわかりやすく、はちみつのことだけに特化して改めて書き直したものになります。

この出版は編集長である福田清峰氏を筆頭に、編集に関わったチームの存在がなくては実現しませんでした。何よりも、いつも知的刺激をくださり治療の指針を一緒に討議してくださる﨑谷医師には常に助けられております。編集スタッフである須賀敦子、浅見悦子、是川理江子、北野元美、山岡真希江、赤石知子、矢羽田紗紀、みんなの健康を願う純粋な想いが私の執筆活動の基盤になっています。何度もわがままを言って書き直ししたり、差し替えをお願いしたりと大変だったことは重々承知です。よりわかりやすい文言へと模索するサポートはじめ、編集の細かい作業を本当にありがとうございました。

そして、いつも応援してくださる読者のみなさんの存在にも、いつも励まされています。ここに深謝いたします。

この本が多くの人の健康に対する考えを見直すきっかけになることを祈念しています。

2023 年 2 月
有馬ようこ
Love Vani ♡

［イラスト］　ホリスティックライブラリー編集室
［装　丁］　ホリスティックライブラリーデザイン室

［入門］世界一やさしい　はちみつの教科書

2023 年 2 月 13 日　初版第 1 刷発行
2024 年 7 月 23 日　初版第 3 刷発行

著　者　　有馬ようこ

発 行 人　　須賀敦子

編 集 人　　福田清峰

発　　行　　ホリスティックライブラリー出版
　　　　　　https://hl-book.co.jp/
　　　　　　〒 810-0041
　　　　　　福岡県福岡市中央区大名 1-2-11 プロテクトスリービル 3F
　　　　　　TEL：092-762-5335（代表）　FAX：092-791-5008

発　　売　　サンクチュアリ出版
　　　　　　https://www.sanctuarybooks.jp/
　　　　　　〒 113-0023
　　　　　　東京都文京区向丘 2-14-9
　　　　　　TEL：03-5834-2507　　　　　FAX：03-5834-2508

印刷・製本　　シナノ印刷株式会社